網絡轩辕

21 世纪高等院校
云计算和大数据人才培养规划教材

王培麟◎主编

姚幼敏 梁同乐 詹增荣 钟伟成◎副主编

云计算
虚拟化技术与应用

The Virtualization
Technology and Application
of Cloud Computing

人 民 邮 电 出 版 社
北 京

图书在版编目（CIP）数据

　　云计算虚拟化技术与应用 / 王培麟主编. -- 北京：
人民邮电出版社，2017.12（2024.2重印）
　　21世纪高等院校云计算和大数据人才培养规划教材
　　ISBN 978-7-115-46901-4

　　Ⅰ. ①云… Ⅱ. ①王… Ⅲ. ①数字技术－高等学校－
教材 Ⅳ. ①TP3

中国版本图书馆CIP数据核字(2017)第229816号

内 容 提 要

　　全书共 11 章，分为理论篇、技术篇和实战篇三个部分。本书将虚拟化技术与应用融为一体，较
为系统地介绍了虚拟化技术发展史、虚拟化技术的分类、虚拟化架构特性、主流虚拟化技术、服务
器虚拟化应用、桌面虚拟化应用、网络虚拟化应用、虚拟化架构软/硬件方案等内容，基本涵盖了目
前主流的虚拟化技术及其应用。

　　本书可以作为高职高专网络技术及云计算相关专业虚拟化相关课程的教材，也适合网络技术及
云计算技术运维支持人员和广大计算机爱好者自学使用。

◆ 主　　编　王培麟

　　副 主 编　姚幼敏　梁同乐　詹增荣　钟伟成

　　责任编辑　左仲海

　　责任印制　焦志炜

◆ 人民邮电出版社出版发行　　北京市丰台区成寿寺路 11 号

　　邮编　100164　电子邮件　315@ptpress.com.cn

　　网址　http://www.ptpress.com.cn

　　北京隆昌伟业印刷有限公司印刷

◆ 开本：787×1092　1/16

　　印张：13.5　　　　　　　　2017 年 12 月第 1 版

　　字数：338 千字　　　　　　2024 年 2 月北京第 13 次印刷

定价：39.80 元

读者服务热线：(010)81055256　印装质量热线：(010)81055316
反盗版热线：(010)81055315
广告经营许可证：京东市监广登字20170147号

云计算技术与应用专业教材编写委员会名单
（按姓氏笔画排名）

王培麟	广州番禺职业技术学院
王路群	武汉软件工程职业学院
王新忠	广州商学院
文林彬	湖南大众传媒职业技术学院
石龙兴	广东轩辕网络科技股份有限公司
叶和平	广东科学技术职业学院
刘志成	湖南铁道职业技术学院
池瑞楠	深圳职业技术学院
李　洛	广东轻工职业技术学院
李　颖	广东科学技术职业学院
肖　伟	南华工商学院
吴振峰	湖南大众传媒职业技术学院
余明辉	广州番禺职业技术学院
余爱民	广东科学技术职业学院
张小波	广东轩辕网络科技股份有限公司
陈　剑	广东科学技术职业学院
陈　统	广东轩辕网络科技股份有限公司
林东升	湖南铁道职业技术学院
罗保山	武汉软件工程职业学院
周永福	河源职业技术学院
郑海清	南华工商学院
钟伟成	广州番禺职业技术学院
姚幼敏	广东农工商职业技术学院
徐文义	河源职业技术学院
殷美桂	河源职业技术学院
郭锡泉	清远职业技术学院
黄　华	清远职业技术学院
梁同乐	广东邮电职业技术学院
彭　勇	湖南铁道职业技术学院
彭树宏	惠州学院
曾　志	惠州学院
曾　牧	暨南大学
詹增荣	广州番禺职业技术学院
廖大强	南华工商学院
熊伟建	广西职业技术学院

序

信息技术正在步入一个新纪元——云计算时代。云计算正在快速发展，相关技术热点也呈现百花齐放的局面。2015 年 1 月，国务院印发的《关于促进云计算创新发展培育信息产业新业态的意见》提出，到 2017 年，我国云计算服务能力大幅提升，创新能力明显增强，在降低创业门槛、服务民生、培育新业态、探索电子政务建设新模式等方面取得积极成效，云计算数据中心区域布局初步优化，发展环境更加安全可靠。到 2020 年，云计算技术将成为我国信息化重要形态和建设网络强国的重要支撑。

为进一步推动信息产业的发展，服务于信息产业的转型升级，教育部颁布的《普通高等学校高等职业教育（专科）专业目录（2015 年）》中设置了"云计算技术与应用（610213）"专业，国家相关职能部门正在组织相关高职院校和企业编制专业教学标准，这将更好地指导高职院校的云计算技术与应用专业人才的培养。作为高层次 IT 人才，学习云计算知识、掌握云计算相关技术迫在眉睫。

本套教材由广东轩辕网络科技股份有限公司策划，联合全国多所高校一线教师及国内多家知名 IT 企业的高级工程师编写而成。全套教材紧跟行业技术发展，遵循"理实一体化""任务导向"和"案例驱动"的教学方法；围绕企业实际项目案例，注重理论与实践结合，强调以能力培养为核心的创新教学模式，加强学生对内容的掌握和理解。知识内容贴近企业实际需求，着眼于未来岗位的要求，注重培养学生的综合能力及良好的职业道德和创新精神。通过学习这套教材，读者可以掌握服务器、虚拟化、数据存储和云安全等基本技术，能够成为在生产、管理及服务第一线，从事云计算项目实施、开发、运行维护、基本配置、迁移服务等工作的高技能应用型专门人才。

本套教材由《云计算技术与应用基础》《云计算基础架构与实践》《云计算平台管理与应用》《云计算虚拟化技术与应用》《云计算安全防护技术》《云计算数据中心运维与管理》六本组成。六本教材之间相辅相成，承上启下，紧密结合。教材以高技能应用型专门人才培养为目标，将能力与创新融合为一体，为云计算产业培养和挖掘更多的人才，服务于各行各业，从而促进和推动云计算产业建设的蓬勃发展。

相信这套教材的问世，一定会受到广大教师的青睐与学生的喜欢！

云计算技术与应用专业教材编写委员会

前　言

自20世纪50年代虚拟化概念出现以来，其技术首先运用于操作系统，以解决单机系统资源环境下的多任务/多用户程序运行与资源管理问题。随着网络技术及硬件基础的快速发展与不断提升，虚拟化技术得到了广泛应用，针对虚拟化技术的开发、部署及运维出现了大量的人才需求，虚拟化技术已成为高职高专院校网络技术及云计算技术专业必修的关键性技术之一。

本书是配合高职高专院校对虚拟化人才培养的需求而编写的专业教材，针对高职高专专业的特点及培养目标，采用"教、学、做一体化"的教学方法，力求为培养高端应用型人才提供适合的教学与训练用书。

本书主要编写人员都是一线教师，有着多年的实际项目开发经验，都曾带队参加国家级云计算技能大赛，并有着丰富的高职高专教育教学经验，完成了多轮次、多类型的教育教学改革与研究工作。在本书的编写过程中，广东轩辕网络科技股份有限公司的许正强和石龙兴给予了大力指导并提出了许多建设性意见。

本书主要特点如下。

1．理论、技术与实际应用紧密结合

在讲述虚拟化理论及技术的基础上，对目前市场上主流的虚拟化技术都有涉及，并详细介绍了虚拟化技术在服务器虚拟化、桌面虚拟化及网络虚拟化上的具体应用。

2．内容组织合理、有效

本书按照由浅入深的顺序，先介绍了虚拟化技术发展史、虚拟化技术分类、虚拟化架构特性，再用较大篇幅针对目前主流的虚拟化技术做了较为详尽的介绍，实现了技术讲解与应用的统一，有助于"教、学、做一体化"教学的实施。

本书由广州番禺职业技术学院的王培麟、钟伟成、詹增荣，广东邮电职业技术学院的梁同乐，广东农工商职业技术学院的姚幼敏编写，广东轩辕网络科技股份有限公司、广东三盟科技股份有限公司的工程师参加了书稿校订，王培麟统编全书。

在本书的编写过程中，广东轩辕网络科技股份有限公司给予了大力支持，并与广东三盟科技股份有限公司提供了许多企业真实案例和解决方案。同时，编者在编写过程中也参考了互联网上的大量资料（包含文本和图片等），在此对资料原创的相关组织和个人深表谢意。编者也郑重承诺，引用的资料仅用于本书的知识介绍和技术推广，绝不用于其他商业用途。

由于编者水平有限，书中不妥或疏漏之处在所难免，殷切希望广大读者批评指正。同时，恳请读者一旦发现问题，尽快与编者联系，以便及时更正，编者将不胜感激。

编　者
2017 年 6 月

目 录 CONTENTS

2

第 10 章　网络和存储虚拟化应用　177

第 11 章　虚拟化架构规划实战　194

习题参考答案　203

第一部分

理论篇

Chapter 1

第1章
虚拟化概述

学习目标

本章主要介绍虚拟化技术的概念、虚拟化的一般定义、虚拟化技术发展史、虚拟化技术分类、虚拟基础架构模式及采用虚拟基础架构的理由和虚拟基础架构效益。

（1）了解虚拟化的基本概念及发展情况。

（2）了解虚拟化的技术分类及虚拟化的基本技术架构。

1.1 虚拟化技术概念

1.1.1 虚拟化技术概述

虚拟化技术（Virtualization）是伴随着计算机技术的产生而出现的，在计算机技术的发展历程中一直扮演着重要角色。从 20 世纪 50 年代虚拟化概念的提出，到 20 世纪 60 年代 IBM 公司在大型机上实现了虚拟化的商用，从操作系统的虚拟化到 Java 语言虚拟机，再到目前基于 x86 体系结构的服务器虚拟化技术的蓬勃发展，都为虚拟化这一看似抽象的概念添加了极其丰富的内涵。近年来随着服务器虚拟化技术的普及，出现了全新的 IT 基础架构部署和管理方式，为 IT 管理员带来了高效便捷的管理体验。同时，虚拟化技术还可以提高 IT 资源利用率，减少能源消耗。

1.1.2 虚拟化的定义

"虚拟化"是一个广泛而变化的概念，因此想要给出一个清晰准确的"虚拟化"定义并不是一件容易的事，目前业界对"虚拟化"已经产生了如下多种定义：

"虚拟化是表示计算机资源的抽象方法，通过虚拟化可以用与访问抽象前资源一致的方法访问抽象后的资源。这种资源的抽象方法并不受实现、地理位置或底层资源的物理配置的限制。"——Wikipedia，维基百科

"虚拟化是为某些事物创造的虚拟（相对于真实）版本，比如操作系统、计算机系统、存储设备和网络资源等。"——Whatis.com，信息技术术语库

"虚拟化是为一组类似资源提供一个通用的抽象接口集，从而隐藏属性和操作之间的差异，并允许通过一种通用的方式来查看并维护资源。"——Open Grid Services Architecture

尽管以上几种定义表述方式不尽相同，但仔细分析一下，不难发现它们都阐述了三层含义。

（1）虚拟化的对象是各种各样的资源。

（2）经过虚拟化后的逻辑资源对用户隐藏了不必要的细节。

（3）用户可以在虚拟环境中实现其在真实环境中的部分或者全部功能。

本书将援引 IBM 对虚拟化的定义，并基于该定义对虚拟化进行讨论。

"虚拟化是资源的逻辑表示，它不受物理限制的约束。"——IBM

在这个定义中，资源涵盖的范围很广，可以是各种硬件资源，如 CPU、内存等；也可以是各种软件环境，如操作系统、文件系统、应用程序等。

虚拟化的主要目标是对包括基础设施、系统和软件等 IT 资源的表示、访问和管理进行简化，并为这些资源提供标准接口来接收输入和提供输出。虚拟化的使用者可以是最终用户、应用程序或者是服务。通过标准接口，虚拟化可以在 IT 基础设施发生变化时将对使用者的影响降到最低，最终用户可以重用原有接口，因为用户与虚拟资源进行交互的方式并没有发生改变，即使底层资源的实现方式已经发生改变，用户也不会受到影响。

虚拟化技术降低了资源使用者与资源具体实现之间的耦合程度，让使用者不再依赖于资源的某种特定实现。利用这种松耦合关系，系统管理员在对 IT 资源进行维护与升级时，可以降低对使用者的影响。

1.2 虚拟化技术发展史

虚拟化技术具有悠久的历史，20 世纪 60 年代为提高硬件利用率对大型机硬件进行分区就是最早的虚拟化。经过多年的发展，业界已经形成多种虚拟化技术，包括服务器虚拟化、网络虚拟化、存储虚拟化、桌面虚拟化等，与之相关的虚拟化运营管理技术也被广泛研究，虚拟化技术的具体发展历程及相关重大标志性事件如下。

（1）虚拟化萌芽阶段：计算虚拟化概念首次提出，存储虚拟化出现。

1959 年 6 月的国际信息处理大会（International Conference on Information Processing），计算机科学家克里斯托弗·斯特雷奇发表的论文《大型高速计算机中的时间共享》（*Time Sharing in Large Fast Computers*）中首次提出并论述了虚拟化技术。

1970 年 IBM 推出的 System/370 中率先使用了虚拟存储器。

1987 年加利福尼亚大学的大卫·帕特森、格椤·吉布生和兰迪·卡兹描述了一个由廉价磁盘组成的冗余阵列，即 RAID。如今的先进卷管理程序已经成为每一款操作系统不可或缺的一部分，RAID 技术已成为每一个磁盘子系统的核心。

（2）x86 平台服务器虚拟化技术逐步发展，存储虚拟化从 NAS/SAN 向 VTL 发展，网络虚拟化随着服务器虚拟化而出现。

1998 年 VMware 公司成立，1999 年 Xen 相关研究起步。

2000 年世纪之交，NAS 和 SAN 兴起，并引发了 VTL、复制和重复数据删除等许多利用池存储或远程存储的新技术开发。

2001 年 VMware 推出 ESX Server，以 RedHat 7.2 为基础，成为一个真正的虚拟平台。ESX Server 的出现，正式宣告 VMware 进入虚拟企业界领域。

2003 年 VMware 推出虚拟环境管理平台 Virtual Center，包括 Virtual SMP 技术。

（3）x86 平台硬件辅助虚拟化技术商用。

2005 年 8 月 Intel 首次公布了其硬件虚拟化技术细节，并于 2005 年 11 月宣布其 VT 技术已商用。

2006 年 5 月，AMD 硬件虚拟化技术 SVM 首款商用产品 Athlon 64 问世。

（4）x86 虚拟化技术进一步发展并商用，竞争激烈；桌面和应用虚拟化逐渐成为虚拟化领域的热点。

2009 年 2 月 Citrix 发布免费版本的企业级 XenServer 平台，其具备管理工具 XenCenter 和实时迁移功能 XenMotion，并于 5 月发布其更新版本 XenServer 5.5，对管理功能进行了强化，Citrix 公司于 2015 年 1 月发布了全 64 位的 XenServer 6.5。

2009 年 3 月，Cisco 推动了虚拟化市场的硬件发展，宣布推出统一计算系统（UCS），它结合了服务器和网络硬件与管理软件。在 8 月举行的 VMworld 2009 大会上，Cisco UCS 获得了硬件类金奖，证明了其整合运行在数据中心硬件方面的显著能力。

2009 年 4 月 VMware 推出 vSphere 4.0，这是一款划时代的全面虚拟化解决方案，目前较新的版本为 vSphere 6.0，而 vSphere 5.5 版本是其应用较为成熟的一个版本。

2009 年 5 月微软发布 Hyper-V R2，这个版本对第一个版本的 Hyper-V 作出了重要改进，提供热迁移、集群共享卷和其他高级功能。更重要的是这些功能将微软与 VMware 放在相同地位上，从而显著改变了整个虚拟化市场格局，Hyper-V 的最新版本为 Hyper-V 3.0。

目前，虚拟化技术已然成为世界上各种规模企业提高 IT 效率的核心技术。在欧美市场，服务器虚拟化已成为各行业用户 IT 基础架构管理的"标配"，超过 80%的企业已经开始应用虚拟化技术。而在中国市场，虚拟化技术正在从"接受"快速向"普及"演进。虚拟化技术的重要地位使其发展成为业界关注的焦点，在技术发展层面，虚拟化技术正面临着平台开放化、连接协议标准化、客户终端硬件化以及公有云私有化四大趋势。平台开放化是指将封闭架构的基础平台，通过虚拟化管理使多个厂家的虚拟机在开放平台下共存，不同厂商可以在平台上实现丰富的应用；连接协议标准化旨在解决目前多种连接协议（例如 VMware 的 PCoIP，Citrix 的 ICA 等）在公有桌面云的情况下出现的终端兼容性复杂化问题，从而解决终端和云平台之间的广泛兼容性问题；客户终端硬件化是针对桌面虚拟化和应用虚拟化技术的客户多媒体体验缺少硬件支持的情况，逐渐完善终端芯片技术，将虚拟化技术落地于移动终端上；公有云私有化的发展趋势是将企业的 IT 架构变成叠加在公有云基础上的"私有云"，在不牺牲公有云便利性的基础上，保证私有云对企业数据安全性的支持。目前，以上四大趋势已在许多企业的虚拟化解决方案中得到体现。计世资讯研究表明，按照销售额计算，2015 年服务器虚拟化市场规模达到 18.2 亿元，比 2014 年增长 19.0%。云转型是服务器虚拟化市场增长的主要推动力之一；同时，在中小型企业及机构中，由于近年来业务量的不断增长，服务器虚拟化成为企业或机构节省成本和提升效率的主要手段，这在一些中等规模的政府机构和医疗、教育机构中极为普遍。

1.3　虚拟化技术的分类

在虚拟化技术中，被虚拟的实体是各种各样的 IT 资源。如果按照这些资源的类型分类，可以梳理出不同类型的虚拟化。目前，大家接触最多的是系统虚拟化。比如使用 VMware Workstation 在个人计算机上虚拟出一个逻辑系统，用户可以在这个虚拟的系统上安装和使用另一个操作系统及其应用程序，就如同在使用另一台独立的计算机。我们将该虚拟系统称作"虚拟机"，而 VMware Workstation 这样的软件就是"虚拟化软件"，它们负责虚拟化的创建、运行和管理。虽然虚拟机或者说系统虚拟化是当前最常用的虚拟化技术,但它远非虚拟化的全部,虚拟化常见的类型有服务器虚拟化、桌面虚拟化、存储虚拟化、网络虚拟化以及应用虚拟化等,如图 1-1 所示。

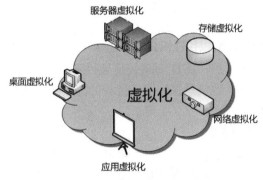

图 1-1 虚拟化分类

本书主要围绕 IT 基础架构虚拟化这个核心场景来介绍虚拟化技术。作为 IT 基础架构中最重要的虚拟化技术,服务器虚拟化将是本书讨论的重点,我们将着重介绍服务器虚拟化的概念、体系架构、关键特性及核心技术等。此外,一个完整的 IT 基础架构离不开网络和存储等基础设施,因此,网络虚拟化和存储虚拟化作为 IT 基础架构的有机组成部分,也会给予介绍。

1.4 传统基础架构模式

传统的 IT 基础平台采用分散建设的模式,每个系统从设计阶段开始,就考虑独立的主机系统、网络结构、存储系统,组成相对独立的 IT 子系统。经过多年发展,就会形成一个个信息孤岛,整个系统中数据与资源不能共享,资源利用率低,基础平台的扩展性差,无法满足相应业务扩展需要。传统 IT 基础平台的典型做法是网络集中管理,信息系统根据业务的重要程度,对数据进行分块化、数据存储进行分级化处理。传统 IT 系统基础架构如图 1-2 所示。

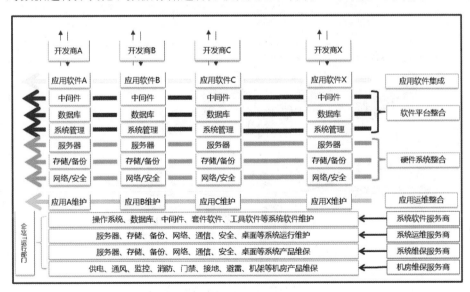

图 1-2 传统 IT 系统基础架构

传统 IT 系统基础架构经过多年发展，普遍面临以下几个突出问题。

1．硬件资源利用率低下和资源紧张并存

信息化系统硬件 CPU 利用率普遍低下，但同时个别系统的忙时资源利用率又居高不下，系统峰值效应明显。另外，系统异构磁盘阵列种类多，实际使用容量参差不齐，不同磁盘阵列的存储空间不能共享，不仅造成了资源利用极度不均，而且容易形成信息孤岛。

2．IT 资源部署周期长，难以快速满足业务需求

目前系统紧耦合的部署方式以及 IT 基础设施建设环节多、周期长，应用系统的新建和发展又不断带来新的资源需求，致使系统软硬件资源的部署涉及多个环节，部署周期长，难以快速满足业务需求。

3．机房空间、电力供应紧张

随着应用系统不断部署，设备不断增加，数据中心机房容量接近饱和，难以满足未来业务发展需求。同时，机房 UPS 输出负载率已经达到安全输出功率的上限。因电力供应遇到瓶颈，机房的空调系统往往不能提供冗余保护。

1.5　虚拟基础架构模式

1.5.1　虚拟基础架构的概念

所谓虚拟基础架构，就是以一台或者多台服务器作为物理机资源，借助虚拟化软件在物理机上构建多个虚拟机平台。借助虚拟机，用户可以在多个虚拟机和应用程序之间提供单台物理机的资源共享，从而实现资源的高效利用。虚拟基础架构可将服务器、网络和存储器聚合成一个统一的 IT 资源池，供部署在其上的应用系统按需使用。这种资源优化方式使得整个 IT 资源系统组建具有更高的灵活性，使资金成本和运营成本得以有效降低，虚拟基础架构如图 1-3 所示。

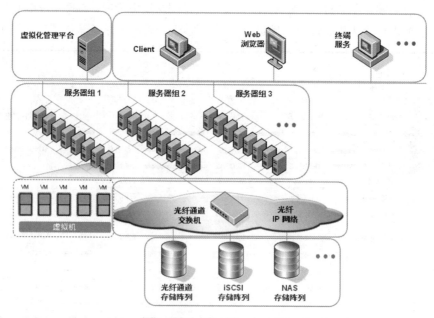

图 1-3　虚拟基础架构示意图

虚拟基础架构包括以下组件。

（1）裸机管理程序，可使每台物理服务器实现全面虚拟化。

（2）虚拟基础架构服务（如资源管理和整合备份等），可在虚拟机之间使可用资源达到最优配置。

（3）若干自动化解决方案，通过提供特殊功能来优化特定 IT 流程，如资源自动部署或灾难恢复等。

通过将软件环境与其底层硬件基础架构分离，可以将多个服务器、存储基础架构和网络聚合成共享资源池，然后，根据需要安全可靠地向应用程序动态提供这些资源。借助这种具有开创意义的方法，用户可以使用价格低廉的行业标准服务器或者已经存在的符合行业标准的服务器，构建以虚拟架构为基础的数据中心，以实现高水平的利用率、可用性、自动化和灵活性。

1.5.2　采用虚拟基础架构的理由

通过虚拟化提高 IT 资源和应用程序的效率和可用性，可以有效消除"一台服务器对应一个应用系统"的固有模式。在每台物理机上运行多个虚拟机，让 IT 管理员有更多的精力进行创新性工作，而不是花大量时间管理计算机终端机房。借助虚拟化平台构建自动化数据中心，IT 管理员可以根据需要随时将各种 IT 资源分配到相应的位置。客户通过使用虚拟化平台整合其资源池实现计算机的高可用性，以达到节省 IT 总成本的目的。

通过缩减物理基础架构和提高服务器/管理员比率，降低数据中心成本，由于服务器及相关 IT 硬件更少，因此减少了占地空间，也减少了电力和散热需求。采用更出色的管理工具可以提高服务器/管理员比率，因此人员需求也得以减少。

提高硬件和应用程序的可用性，进而提高业务连续性，可安全地备份和迁移整个虚拟环境而不会出现服务中断，消除计划内停机，并可从意外故障中快速恢复。

采用动态资源管理，提供动态扩展能力，实现了服务器部署、桌面与应用程序部署的动态化。

提高桌面的可管理性和安全性，虚拟化几乎可在所有标准桌面计算机、笔记本电脑或平板电脑上部署、管理和监视安全桌面环境，无论是否能连接到网络，用户都可以在本地或以远程方式对这种环境进行访问。

1.5.3　虚拟基础架构效益

1．标准化软硬件配置和资源部署流程

通过制定系统软件的标准模板，对不同的系统软件进行归类，制定统一管理的中间件、数据库标准模板，通过对标准模板的分发，可以实现快速、标准的系统交付，同时也能具备版本统一控制的能力，降低系统运维的压力。配置新应用系统时采用标准化配置模板，提高了 IT 资源部署速度，以快速满足业务需求。

2．IT 资源管理集中化

依托各硬件虚拟化资源池，将所有的 IT 硬件资源集中在一个统一管理平台界面下显示、监控、配置和管理，大大方便了管理和维护工作，提高了运维效率，降低了运维强度与成本。

3．设备资源利用率显著提高

通过硬件资源虚拟化整合，可以有效减少服务器数量，提升单台服务器的资源利用率。

4．响应"绿色行动计划"，空间占用率和电力消耗大幅下降

随着运行服务器数量减少，可以有效降低维护成本，包括耗电量、空调成本支出等，实

现节能减排。

5．自动化的软硬件资源部署，显著缩短系统交付时间

通过服务器模板进行自动快速部署，部署时间从小时级降到分钟级，可以节省大量的人力成本，同时可以满足新增应用的快速部署需求。

6．资源全局共享，提高系统整体可用性，有效保证数据安全性

通过虚拟化平台实现资源标准化、全局共享，采用高可用性技术，提升了 IT 服务质量。采用虚拟机 HA 集群（双机集群），物理服务器宕机后，虚拟机自动迁移至其他物理机，相比原来的普通服务器宕机后维修再重启应用，缩短数小时甚至数天的时间；以前硬件维护操作需要数天/周的准备和 1～3 小时的窗口维护，现在实现了零宕机硬件维护和升级。

7．集中化管理，系统易于维护

采用故障自动处理技术，减轻了运维工作的压力，简化了维护人员的操作，通过自动化流程进行处理，极大地提高了运行维护的效率。

1.6　本章小结

本章重点介绍了虚拟化技术的概念、虚拟化的一般定义、虚拟化技术发展史、虚拟化技术分类、虚拟基础架构模式以及采用虚拟基础架构的理由和虚拟基础架构效益。通过本章的学习，读者可以初步了解虚拟化的基本概念、发展情况以及虚拟化的技术分类和虚拟基础架构。

习题 1

一、选择题

（1）（多项选择）虚拟化常见的类型有_____。

（A）服务器虚拟化　　　　　　　　　（B）桌面虚拟化

（C）存储虚拟化　　　　　　　　　　（D）网络虚拟化以及应用虚拟化

（2）（多项选择）传统 IT 系统基础架构经过多年的发展，普遍面临以下哪些突出问题？
_____

（A）硬件资源利用率低和资源紧张并存

（B）IT 资源部署周期长，难以快速满足业务需求

（C）机房空间、电力供应紧张

（D）资源全局共享，系统整体可用性高

（3）（多项选择）虚拟基础架构包括以下哪些组件？_____

（A）裸机管理程序　　　　　　　　　（B）虚拟基础架构服务

（C）IT 资源管理集中化　　　　　　　（D）若干自动化解决方案

二、简答题

（1）简述传统 IT 基础架构模式及其存在的突出问题。

（2）简述什么是虚拟基础架构模式，该模式所包含的主要组件以及系统采用该模式的理由。

Chapter 2 第2章
主流虚拟化技术

学习目标

　　本章对目前业界主流的虚拟化技术基本情况和主要产品进行简单介绍，主要包括服务器虚拟化、存储虚拟化和网络虚拟化等，这几种虚拟化是在数据中可实施的重要虚拟化技术，本章关于虚拟化的讨论主要是围绕以上这些技术展开的。

（1）了解服务器虚拟化、存储虚拟化和网络虚拟化的基本概念及基础架构原理。

（2）了解市场主流虚拟化技术及产品。

2.1　服务器虚拟化

2.1.1　基本概念

　　服务器虚拟化（Server Virtualization）就是将虚拟化技术应用于服务器，将一台服务器虚拟成若干虚拟服务器，在该服务器上可以支持多个操作系统同时运行。可以简单理解为将物理机、操作系统及其应用程序"打包"成一个文件，称之为虚拟机。如图 2-1 所示，在采用服务器虚拟化之前，三种不同的操作系统及应用分别运行在三台独立的物理服务器上。在采用服务器虚拟化之后，这三种操作系统及应用运行在三个独立的虚拟服务器上，而这三个虚拟服务器可以被一台物理服务器托管，服务器虚拟化实现了在单一物理服务器上运行多个虚拟服务器。服务器虚拟化技术为虚拟化了的服务器提供能够支持其运行的软硬件资源抽象，包括虚拟 BIOS、虚拟处理器、虚拟内存、虚拟设备与 I/O，并可为虚拟机提供良好的隔离性和安全性。

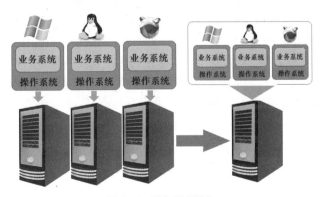

图 2-1　服务器虚拟化

下面是几种使用较为广泛的服务器虚拟化产品。

（1）VMware 公司的 VMware Server、VMware ESX/ESXi Server、VMware Workstation 和 VMware Player。

（2）Microsoft 公司的 Hyper-V、Virtual PC 和 Virtual Server。

（3）IBM 公司的 PowerVM、zVM。

（4）Citrix 公司的 XenServer。

（5）华为公司的 FusionSphere。

（6）开源虚拟化软件 Docker、KVM、Xen 等。

在这些产品中，IBM 公司的 PowerVM 和 zVM 是对应该公司的 P 系列服务器和 z 系列服务器的产品。这些服务器不同于 x86 体系结构，它们具有强大的硬件性能，并且在设计之初就考虑了如何虚拟出多台服务器以便充分利用服务器性能的问题。P 系列服务器虚拟化技术 PowerVM 和 z 系列服务器虚拟化技术 zVM 就是为解决这一问题而产生的。这些技术从诞生至今发展了几十年，已经非常成熟和稳定。

与 P 系列服务器和 z 系列服务器不同，x86 架构在设计之初并没有考虑到支持服务器虚拟化技术。随着 x86 服务器的广泛应用，以及其硬件性能的不断提高，x86 服务器虚拟化技术与应用也在逐步走向成熟和稳定。

2.1.2 体系架构

服务器虚拟化通过虚拟化软件提供对硬件设备的抽象和对虚拟服务器的管理。目前，业界在描述这样的软件时通常使用两个专用术语。

（1）虚拟机监视器（Virtual Machine Monitor，VMM），虚拟机监视器负责对虚拟机提供硬件资源抽象，为客户操作系统提供运行环境。

（2）虚拟化平台（Hypervisor），虚拟化平台负责虚拟机的托管和管理，它直接运行在硬件之上，因此其实现直接受底层体系结构的约束。

这两个术语通常不做严格区别，其出现源于虚拟化软件的不同实现模式。在服务器虚拟化中，虚拟化软件需要实现对硬件的抽象，资源的分配、调度和管理，虚拟机与宿主操作系统及多个虚拟机间的隔离等功能。这种软件提供的虚拟化层处于硬件平台之上、客户操作系统之下。根据虚拟化实现结构分类，服务器虚拟化通常包括三种架构模型，分别是宿主模型（OS-Hosted VMM）、原生架构模型（Hypervisor VMM）和混合模型（Hybrid VMM）。

1. 宿主模型（OS-Hosted VMM）

在宿主模型中，物理资源由宿主机操作系统管理。宿主机操作系统是传统的操作系统，如 Windows、Linux 等，这些传统操作系统并不是为虚拟化而设计的，因此本身并不具备虚拟化功能，所有的虚拟化功能都由 VMM 来提供。VMM 通常是宿主机操作系统独立的内核模块，有些实现中还包括用户态进程，如负责 I/O 虚拟化的用户态设备模型。VMM 通过调用宿主机操作系统的服务来获得资源，实现处理器、内存和 I/O 设备的虚拟化。VMM 创建出虚拟机之后，通常将虚拟机作为宿主机操作系统的一个进程参与调度，宿主模型的架构如图 2-2 所示。

由于宿主机操作系统控制所有的物理资源，包括 I/O 设备，因此，设备驱动位于宿主机操作系统中。图 2-2 中的设备模型实际上也是 VMM 的一部分，在具体实现中，可以将设备模型放在用户态中，也可以放在内核态中。

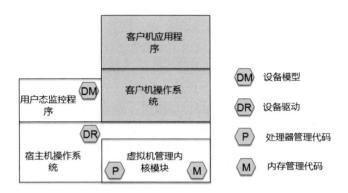

图 2-2　宿主模型架构

宿主模型优点是可以充分利用现有操作系统的设备驱动程序，VMM 无须为各类 I/O 设备重新实现驱动程序，可以专注于物理资源的虚拟化。考虑到 I/O 设备种类繁多、千变万化，I/O 设备驱动程序开发的工作量很大，因此，这个功能意义重大。此外，宿主模型也可以利用宿主机操作系统的其他功能，例如调度和电源管理等，这些都不需要 VMM 重新实现就可以直接使用。

宿主模型也有其缺点，由于物理资源由宿主机操作系统控制，VMM 需要调用宿主机操作系统的服务来获取资源进行虚拟化，而那些系统服务在设计开发之初并没有考虑虚拟化的支持，因此，VMM 虚拟化的效率和功能会受到一定的影响。此外，在安全方面，由于 VMM 是宿主机操作系统内核的一部分。因此，如果宿主机操作系统内核是不安全的，那么 VMM 也是不安全的。相应地，运行在虚拟机之上的客户操作系统也是不安全的，相对较容易攻破。换言之，虚拟机的安全不仅依赖 VMM 的安全，也依赖宿主机操作系统的安全，与现有的操作系统架构相比，宿主模型在架构上并没有提高安全性。

2．原生架构模型（Hypervisor VMM）

在原生架构模型中，VMM 首先可以被看作是一个完备的操作系统，与传统操作系统不同的是，VMM 是为虚拟化而设计的，因此其本身就具备虚拟化功能。从架构上来看，首先，所有的物理资源（如处理器、内存和 I/O 设备等）都归 VMM 所有，因此，VMM 承担着管理物理资源的责任；其次，VMM 需要向上提供虚拟机用于运行客户机操作系统，因此，VMM 还负责虚拟环境的创建和管理。Hypervisor 模型的架构如图 2-3 所示。

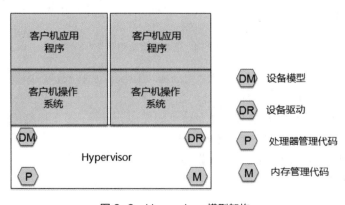

图 2-3　Hypervisor 模型架构

其中处理器管理代码（Processor，P）负责物理处理器的管理和虚拟化；内存管理代码（Memory，M）负责物理内存的管理和虚拟化；设备模型（Device Model，DM）负责 I/O 设备的虚拟化；设备驱动（Device Driver，DR）则负责 I/O 设备的驱动，即物理设备的管理。VMM 直接管理所有的物理资源，包括处理器、内存和 I/O 设备。因此，设备驱动是 VMM 的一部分。此外，处理器管理代码、内存管理代码和设备模型也是 VMM 的一部分。

在原生架构模型中，由于 VMM 同时具备物理资源的管理功能和虚拟化功能，因此，物理资源虚拟化的效率会更高一些。在安全方面，虚拟机的安全只依赖于 VMM 的安全，不像宿主模型，需要同时依赖于 VMM 和宿主机操作系统的安全。

原生架构模型在拥有虚拟化高效率的同时也存在相应的缺点。由于 VMM 完全拥有物理资源，因此，VMM 需要进行物理资源的管理，包括设备驱动。而设备驱动的开发工作量巨大，因此，这对于原生架构模型来说是个挑战。事实上，在实际的产品中，基于 Hypervisor 模型的 VMM 通常会根据产品定位，有选择地挑选一些 I/O 设备来支持，而不是所有的 I/O 设备。例如，如果是面向服务器市场的，那么会只挑选服务器上的 I/O 设备来开发设备驱动。此外，在原生架构模型中，很多功能必须在 VMM 中重新实现，例如调度和电源管理等，无法像宿主模型那样借助宿主机操作系统来实现。

3．混合模型（Hybrid VMM）

混合模型是上述两种模式的混合体，集中了上述两种模型的优点。VMM 依然位于最底层，拥有所有的物理资源，包括处理器、内存和 I/O 设备等。与原生架构模型不同的是，VMM 会腾出大部分 I/O 设备的控制权，将它们交由一个运行在特权虚拟机中的特权操作系统来控制，相应地，VMM 虚拟化的职责也会被分担。处理器、内存虚拟化依然由 VMM 来完成，I/O 设备虚拟化则由 VMM 和特权操作系统共同来完成。混合模型架构如图 2-4 所示。

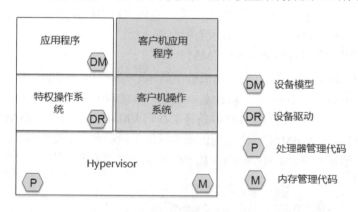

图 2-4　混合模型架构

I/O 设备由特权操作系统控制，因此，设备驱动模块位于特权操作系统中。其他物理资源的管理和虚拟化由 VMM 完成，因此，处理器管理代码和内存管理代码处在 VMM 中。

I/O 设备虚拟化由 VMM 和特权操作系统共同完成，因此，设备模型模块位于特权操作系统中，并且通过相应的通信机制与 VMM 合作。

VMM 可以利用现有操作系统的 I/O 设备驱动程序，不需要另外开发。VMM 直接控制处理器、内存等物理资源。虚拟化的效率也比较高。在安全方面，如果对特权操作系统的权限控制得当，虚拟机的安全性只依赖于 VMM。

当然，混合模型也存在缺点。由于特权操作系统运行在虚拟机上，当特权操作系统提供服务时，VMM 需要切换到特权操作系统，这就造成切换的开销。当切换比较频繁时，切换的开销将使得系统性能明显下降。出于性能方面的考虑，很多功能还是要在 VMM 中实现，无法借助特权操作系统，如调度程序和电源管理等。

2.1.3 关键特性

前面介绍了服务器虚拟化的概念及体系架构，无论采用以上何种方式，服务器虚拟化都需要具有以下特征，才能够被有效地运用在实际环境中。

1．多实例

通过服务器虚拟化，在一台物理服务器上运行多个虚拟服务器，即可以支持多个客户操作系统。服务器虚拟化将服务器的逻辑整合到虚拟机中，而物理系统的资源，如处理器、内存、硬盘和网络等，是以可控方式分配给虚拟机的。

2．隔离性

虽然虚拟机可以共享一台物理服务器的物理资源，但它们彼此之间仍然是完全隔离的，就像它们是不同的物理服务器一样。例如，在一台物理服务器上有四个虚拟机，如果其中一个虚拟机宕机，不会影响到其他三个虚拟机，其余虚拟机仍然正常运行。正是由于这种隔离性，虚拟环境中运行的应用程序的可用性和安全性远优于在传统的非虚拟化系统中运行的应用程序。

3．封装性

虚拟机实质上是一个软件容器，它将一整套虚拟硬件资源与操作系统及其所有应用程序捆绑或"封装"在一个软件包内。这样的软件包非常便于在不同的硬件间备份、移动和复制等，就像移动和复制任何其他软件一样。同时，服务器虚拟化将物理机的硬件封装为标准的虚拟硬件设备，提供给虚拟机内的操作系统和应用程序，保证了虚拟机的兼容性。

4．高性能

与直接在物理机上运行的系统比，虚拟机与硬件之间多了一层虚拟化抽象层。虚拟化抽象层通过虚拟机监视器或者虚拟化平台来实现，就会产生一定的开销，这些开销即为服务器性能开销。服务器虚拟化的高性能是指虚拟机监视器的开销要被控制在可承受的范围之内。

5．独立于硬件

虚拟机完全独立于其底层物理硬件。例如，用户可以为虚拟机配置与底层存在的物理硬件完全不同的虚拟组件（例如 CPU、网卡、SCSI 控制器等）。同一物理服务器上的不同虚拟机可以运行不同类型的操作系统（例如 Windows、Linux 等）和应用程序。由于虚拟机独立于硬件，再加上它具备封装特性，因此可以在不同类型的 x86 计算机之间自由地移动，而无需对设备驱动程序、操作系统或应用程序进行任何更改。

2.1.4 核心技术

服务器虚拟化必备的是对三种硬件资源的虚拟化：CPU、内存、设备与 I/O。下面将介绍 x86 体系架构上这些服务器虚拟化的核心技术。

1．CPU 虚拟化

CPU 虚拟化是指将单个物理 CPU 虚拟成多个虚拟 CPU 供虚拟机使用，由 VMM 为虚拟 CPU 分配时间片，并同时对虚拟 CPU 的状态进行管理。在 x86 架构 CPU 指令集中，CPU 有 4 个特权级（Ring 0 ~ Ring 3），如图 2-5 所示。

其中，第 0 级具有最高的特权，用于运行操作系统；第 3 级具有最低的特权，用于运行用户程序；第 1 级和第 2 级很少使用。在对 x86 服务器实施虚拟化时，VMM 通常需要最高的特权级，从而占据第 0 级；而虚拟机中安装的客户操作系统（Guest OS）只能运行在更低的特权级中，因此不能执行那些只能在第 0 级执行的特权指令。为了解决这一问题，在实施服务器虚拟化时，必须要对相关 CPU 特权指令的执行进行虚拟化处理，消除虚拟化对客户操作系统运行造成的影响。CPU 特权指令的虚拟化有模拟执行和操作系统辅助两种方法，而随着 CPU 硬件对虚拟化技术的支持，基于硬件辅助的虚拟化技术已经成为当前 CPU 虚拟化技术的主流。

（1）基于模拟执行的 CPU 虚拟化技术。在客户操作系统的运行过程中，当它需要执行在第 0 级的特权指令时，会陷入运行在第 0 级的 VMM 中。VMM 捕捉到这一指令后，会将相应的指令的执行过程用本地物理 CPU 进行模拟，并将执行结果返回给客户操作系统，从而实现客户操作系统在非第 0 级环境下对特权指令的执行，其过程如图 2-6 所示。

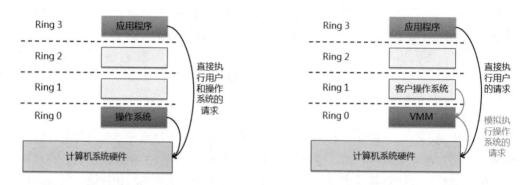

图 2-5　x86 架构 CPU 指令集　　　　图 2-6　基于模拟执行的 CPU 指令集

CPU 特权指令的模拟执行方法有许多种，不同的方法具有不同的资源开销、实现性能及可移植性，典型的方法就是解释执行和二进制翻译。

解释执行的过程，首先获得一条源指令，并对其所需的各个操作内容进行分析，然后执行相应的操作，待执行完成后，再取得下一条源指令，并按照前面的过程执行，这些步骤完全由软件完成。

二进制翻译执行，是将一段源指令直接翻译成被执行的目标指令并保存，供计算机重复使用，而不需要在执行过程中反复读取指令和分析指令等过程。

两种方法比较，二进制翻译在初始指令翻译时需要较高的资源开销，但是在执行过程中开销较小。这两种方法具体哪种更好，则要根据实际指令的执行情况来分析，如果一个程序某一指令段被多次执行，那么二进制翻译将具有更高的性能。

基于模拟执行的 CPU 虚拟化特别适用于那些虚拟化 CPU 和本地物理 CPU 的指令集不同的应用场景。而对 x86 架构的 CPU 的服务器虚拟化来说，尽管虚拟机指令集与物理机指令集是相同的（x86 指令集），但是客户操作系统对特权指令的执行仍然是通过 VMM，由 VMM 在物理机上执行同一指令的方法来模拟。基于模拟执行的 CPU 虚拟化对特权指令的模拟执行需要较高的性能开销，早期的 VMware 采用的就是基于模拟执行的 CPU 虚拟化技术。

（2）基于操作系统辅助的 CPU 虚拟化技术。不需要在程序运行过程中通过 VMM 进行相关的处理和操作，它直接对客户操作系统进行修改，将其与特权指令执行相关的操作调用以 Hypercall（超级调用）的形式改写。Hypercall 类似于系统调用，但它不是针对操作系统进行操作的，而是直接和 VMM 通信，并在管理下执行特权指令，如图 2-7 所示。

基于模拟执行的 CPU 虚拟化为客户操作系统的运行提供了与物理 CPU 完全一致的硬件环境。而操作系统辅助的 CPU 虚拟化则不同，它提供了与真实的物理设备有一定差异的 CPU 指令集接口，然后通过改写客户操作系统调用该接口，使客户操作系统的相关操作都可以在底层硬件上直接实现，而无须额外的 VMM 模拟执行。因此，它的最大优势是能够有效地使客户操作系统的运行获得与其在本地物理 CPU 上直接执行相近的性能。但是，基于操作系统辅助的 CPU 虚拟化存在的最大问题在于它需要对客户操作系统进行改动，这使它只能对开源的操作系统提供支持，而无法支持非开源的操作系统。另外，修改开源的客户操作系统，将是一项耗费人力、物力并且存在一定安全性和可靠性风险的事情，而且修改后的操作系统将只能与特定的 VMM 绑定，其兼容性和可移植性较差。

理论上，基于操作系统辅助的 CPU 虚拟化可以通过 Hypercall 的不同设计来实现（例如在 VMM 上实现 Hypercall 时采用相应的指令模拟执行的方法），为客户操作系统提供与底层物理 CPU 不一致的硬件环境，但这需要较高的 Hypercall 开发代价和执行性资源开销。因此，当前该类虚拟化方案主要用于为客户操作系统提供与底层物理 CPU 一致的硬件环境。早期的 Xen 采用的就是基于操作系统辅助的 CPU 虚拟化技术。

（3）基于硬件辅助的 CPU 虚拟化技术。Intel/AMD 等硬件厂商通过对部分虚拟化使用到的软件技术进行硬件化来提高其系统性能。第一代的虚拟化增强包括 Intel 的 VT-x 和 AMD 的 AMD-V，这两种技术都为 CPU 增加了一种新的执行模式——root 模式，可以让 VMM 运行在 root 模式下，而 root 模式位于 Ring 0 的下面，如图 2-8 所示。

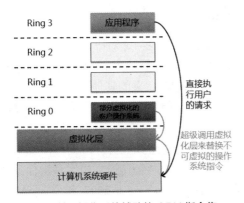

图 2-7　基于操作系统辅助的 CPU 指令集

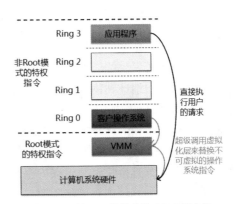

图 2-8　基于硬件辅助的 CPU 指令集

特权和敏感指令自动在 VMM 上执行，无须特权指令翻译或操作系统辅助技术。客户操作系统的状态保存在 VT-x（Virtual Machine Control Structure，虚拟机控制结构）中或 AMD-V（Virtual Machine Control Block，虚拟机控制块）中。支持 Intel VT-x 和 AMD-V 的 CPU 从 2006 年开始推向市场，因此只有新的系统包含了这些硬件辅助的虚拟化功能。

2．内存虚拟化

内存虚拟化技术把物理机的真实物理内存统一管理，包装成多个虚拟的物理内存，以分别供若干个虚拟机使用，使得每个虚拟机拥有各自独立的内存空间。在服务器虚拟化技术中，因为内存是虚拟机访问最频繁的设备，因此内存虚拟化与 CPU 虚拟化具有同等重要的地位。

内存虚拟化类似于操作系统提供的虚拟内存支持。在传统的执行环境中，操作系统使用页表维护从虚拟内存到机器内存的映射，这时，从虚拟内存到机器内存只需经过一次映射即可。所有现代 x86 处理器中都包括内存管理单元（Memory Management Unit，MMU）和转换后备缓冲器（Translation Lookaside Buffer，TLB）来优化虚拟内存系统的性能。然而，在虚拟执行环境中，虚拟内存的虚拟化包括共享 RAM 中的物理内存并按需给虚拟机动态分配内存。

这意味着需要客户操作系统和 VMM 分别维护从虚拟内存到物理内存的映射和从物理内存到机器内存的映射，共两级映射。客户操作系统负责从虚拟地址到虚拟机的物理内存地址的映射，但是客户操作系统并不能直接访问实际硬件内存，因此 VMM 负责将客户物理内存映射到实际的机器内存上。两级内存映射的过程如图 2-9 所示。

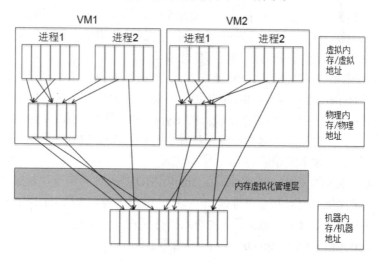

图 2-9　两级内存映射机制

由于客户操作系统的每个页表在 VMM 中都有一个独立页表与之对应，其中 VMM 中的页表称为影子页表。嵌套的页表在虚拟内存系统中额外增加了一层映射。MMU 负责由操作系统定义的从虚拟地址到物理地址的转换。然后，使用由 VMM 定义的其他页表将物理内存地址转换为机器地址。由于现代操作系统会为每个进程维护一组页表，影子页表会极度膨胀。因此，性能开销和内存开销也会很高。

VMware 和 KVM 都使用影子页表进行虚拟内存到机器内存的地址转换，处理器使用 TLB 硬件将虚拟内存直接映射到机器内存来避免每次内存访问时的两级转换。当客户操作系统修改了虚拟内存到物理内存的映射时，VMM 会及时更新影子页表。自 2007 年后，AMD 的 Barcelona 处理器加入了硬件辅助内存虚拟化功能，它为虚拟化环境中的两级地址转换提供了一种称为嵌套分页的硬件辅助虚拟化技术。

由于软件影子页表技术效率太低，Intel 开发了基于硬件的扩展页表（Extended Page Table，EPT）技术来对之加以改进。除此之外，Intel 还提供了虚拟进程 ID（Virtual Processor ID，VPID）技术来改进 TLB 的性能。因此，内存虚拟化的性能得到了大幅改进，客户操作系统的页表和 EPT 都是四级，如图 2-10 所示。

当一个虚拟地址需要转换时，CPU 会首先查找由客户 CR3 所指向的 L4 页表。由于客户 CR3 中的地址是客户操作系统的物理地址，CPU 需要使用 EPT 将客户物理地址（Guest Physical Address，GPA）转换为主机物理地址（Host Physical Address，HPA），在这个过程中，CPU 会检查 EPT 的 TLB，来查看是否已有这种转换。如果 EPT 的 TLB 中没有所需的转换，则 CPU 将会在 EPT 中进行查找。如果 CPU 在 EPT 中找不到相应的转换项，则会发生一个 EPT 违例。

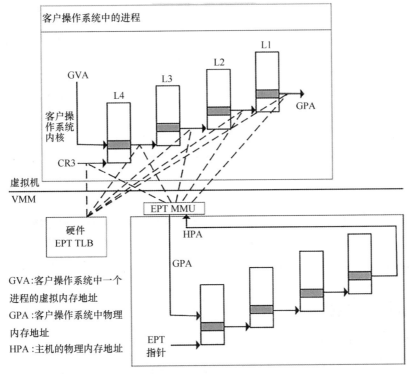

图 2-10　基于硬件的扩展页表

获得 L4 页表的 GPA 后，CPU 会使用客户虚拟地址（Guest Virtual Address，GVA）和 L4 页表的内容来计算 L3 页表的 GPA。如果 L4 页表中对应的 GVA 项是缺页，则 CPU 会产生一个缺页中断并由客户操作系统来处理该中断。当获得 L3 页表的 GPA 后，CPU 将会查找 EPT 来获得 L3 页表的 HPA，如前所述，为了获得 GVA 对应的 HPA，CPU 需要查找 EPT 5 次，并且每次都需要访问 4 次内存。因此，最坏情况下会有 20 次内存访问，速度仍旧很慢。为了克服该问题，Intel 扩充了 EPT 的 TLB 容量来降低内存的访问次数。

3．设备与 I/O 虚拟化

除了处理器和内存外，服务器其他需要虚拟化的关键部件还包括设备与 I/O。设备与 I/O 虚拟化技术把物理机的真实设备统一管理，包装成多个虚拟设备给若干个虚拟机使用，响应每个虚拟机的设备访问请求和 I/O 请求。

目前，主流的设备和 I/O 虚拟化实现方式有三种：全设备模拟、半虚拟化和直接 I/O 虚拟化。

（1）全设备模拟。全设备模拟是实现 I/O 虚拟化的第一种方式，通常来讲，该方法可以模拟一些知名的真实设备。一个设备的所有功能或总线结构（如设备枚举、识别、中断和 DMA）都可以在软件中复制。该软件作为虚拟设备处于 VMM 中，客户操作系统的 I/O 访问请求会陷入 VMM 中，与 I/O 设备交互，全设备模拟方法如图 2-11 所示。

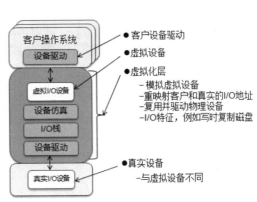

图 2-11　全设备模拟

（2）半虚拟化。单一的硬件设备可以由多个同时运行的虚拟机共享，然而，软件模拟的运行速度会显著慢于其所模拟的硬件。I/O 虚拟化的半虚拟化方法是 Xen 所采用的方法，也就是广为熟知的分离式驱动模型，由前端驱动和后端驱动两部分构成。前端驱动运行在 Domain U 中，而后端驱动运行在 Domain 0 中，它们通过一起共享内存交互。前端驱动管理客户操作系统的 I/O 请求，后端驱动负责管理真实的 I/O 设备并复用不同虚拟机的 I/O 数据。尽管与全设备模拟相比，半 I/O 虚拟化的方法可以获得更好的设备性能，但其也会有更高的 CPU 开销。

（3）直接 I/O 虚拟化（又称硬件辅助虚拟化）。直接 I/O 虚拟化让虚拟机直接访问设备硬件，它能获得近乎本地的性能，并且 CPU 开销不高。然而，当前所实现的直接 I/O 虚拟化主要集中在大规模主机的网络方面，对商业硬件设备仍有许多挑战。例如，当一个物理设备被回收以备后续再用时，它可能被设置到了一个未知状态，会引起工作不正常，甚至让整个系统崩溃。由于基于软件的 I/O 虚拟化要求非常高的设备模拟开销，硬件辅助的 I/O 虚拟化很关键。Intel 的 VT-d 支持 I/O DMA 传输的重映射和设备产生的中断。VT-d 结构提供了支持多用途模型的灵活性，可以运行未修改的、特殊目的的、虚拟化感知的客户操作系统。

2.2 存储虚拟化

2.2.1 存储虚拟化基本概念

所谓存储虚拟化是将实际物理存储实体与存储的逻辑表示分离开来，应用服务器只与分配给它们的逻辑卷打交道，而不关心数据是存储于哪个物理存储实体上。虚拟存储是介于物理存储与用户间的一个中间层，这个中间层屏蔽了实体物理存储设备的物理特性，呈现给用户的是逻辑存储设备。用户所看到的和所管理的存储空间不是实体的物理存储设备，而是通过虚拟存储层映射来实现对实体物理存储设备进行管理和使用。对于用户来说，虚拟化的存储资源就像是一个巨大的"存储池"，用户不会看到具体的磁盘、磁带，也不必关心自己的数据经过哪一条路径通往哪一个具体的存储设备。

2.2.2 存储虚拟化的特性

将存储资源虚拟成一个"存储池"，把许多零散的存储资源整合起来，从而提高整体利用率，同时降低系统管理成本。通过虚拟化产品提供的逻辑层整合整个存储环境，为前端服务器的存储提供单一化服务，存储虚拟化一般具有以下特性。

1．异构存储设备整合

不同厂商、不同品牌及不同等级的存储设备整合，是存储虚拟化的重要特性。通过虚拟层连接不同厂商、不同品牌及不同等级的磁盘阵列，将这些异构存储设备整合在一个存储池内。存储虚拟化产品还可以有效解决不同存储协议的支持问题，使得所有存储资源都可以在虚拟层接口下统一管理与运行，有效提高存储利用率、解决存储孤岛问题。

2．简化存储管理

存储虚拟化构建了一体化的存储管理，减少了系统的复杂性，降低了管理成本，易于建立多层次的存储系统，统一规划存储需求，节省硬件投资。

3．高可靠性

存储虚拟化整合了整个存储资源，所有的存储服务都经由虚拟层的连接，虚拟层就成为整个存储系统的核心，一旦虚拟层失效，整个存储服务也就中断。为避免这种情形发生，几乎所有存储虚拟化产品都附有高可用性机制，如以两台提供虚拟服务的服务器互为备援，确保虚拟服务的高可靠性与持续性。存储虚拟化高可靠性还体现在在线数据迁移、数据镜像管理、异构平台数据复制等方面。

4. 提高资源利用率、绿色存储

由于将异构存储设备整合在一个存储池内，可以有效提高现有存储设备的使用生命周期及利用率，达到绿色存储的目的。

2.3　网络虚拟化

目前由于 IP 协议是网络规划和建设的事实标准，因此，目前网络虚拟化技术的研究与应用主要集中在 IP 网络虚拟化领域。IP 网络虚拟化的范围从 VLAN、VPN、虚拟路由器到逻辑路由器等。从技术角度划分，IP 网络虚拟化可分为网元虚拟化、链路虚拟化和互联虚拟化等；从应用角度划分，IP 网络虚拟化又可分为资源提供虚拟化、资源管理虚拟化和运营维护虚拟化等。

尽管 IP 网络虚拟化的一个重要特征是软件相对于硬件的独立性，但该技术的迅速兴起仍得益于硬件技术的发展，尤其是 ASIC/FPGA/NP 等芯片的发展。目前，网络虚拟化技术已从物理隔离虚拟化方式逐步发展至共享式虚拟化，在提升网络弹性、管理性和资源利用率的同时，提供各种网络通道服务。

现阶段，IP 网络虚拟化主要体现为对物理网络资源的抽象、切割和组合等方面。

2.4　主流虚拟化技术

维基百科列举的虚拟化技术超过 60 种，基于 x86（CISC）体系的有 50 余种，也有基于 RISC 体系的。下面简要介绍几种当前较为成熟而且应用较为广泛的虚拟化技术，分别是：VMware 的 vSphere、Citrix 的 XenServer、Microsoft 的 Hyper-V、开源的 KVM 和 Docker。

1. VMware 的 vSphere

VMware 作为业内虚拟化领先的厂商，其产品以易用性和管理性得到了广泛认同。由于其架构的限制，VMware 还主要是在 x86 平台服务器上有较大优势，而非真正的 IT 信息虚拟化。

vSphere 是 VMware 公司推出的一套服务器虚拟化解决方案，其 5.5 版本是应用较为成熟的一个版本，而目前较新的版本为 6.0。

vSphere 5.5 中的核心组件为 VMware ESXi 5.5(取代原 ESX)，ESXi 与 Citrix 的 XenServer 相似，它是一款可以独立安装和运行在裸机上的系统，与以往见过的其他 VMware Workstation 软件不同的是，它不再依存于宿主操作系统之上。在 ESXi 安装好以后，可以通过 vSphere Client 远程连接控制，在 ESXi 服务器上创建多个虚拟机（VM），再为这些虚拟机安装好 Linux /Windows Server 系统，使之成为能提供各种网络应用服务的虚拟服务器。ESXi 可以从内核级支持硬件虚拟化，运行于其中的虚拟服务器在性能与稳定性上不亚于普通的硬件服务器，而且更易于管理与维护。VMware ESXi 体系结构如图 2-12 所示。

2. Citrix 的 XenServer

Xen 是一个开放源代码的虚拟机监视器。它打算在单台服务器上运行多达 100 个完备的操作系统。操作系统必须进行显式修改（"移植"）以便于在 Xen 上运行（但是提供对用户应用的兼容性）。这使得 Xen 无须特殊硬件支持就能达到高性能的虚拟化。

　　Xen 通过一种叫作准虚拟化的技术获得高性能，甚至在某些与传统虚拟技术极度不友好的架构上（例如 x86），Xen 也有上佳的表现。与那些通过软件模拟实现硬件的传统虚拟机不同，在 Intel VT-X 支持下 3.0 版本之前的 Xen 需要系统的来宾权限，用来和 Xen API 进行连接。到目前为止，这种技术已经可以运用在 NetBSD、GNU/Linux，FreeBSD 和 Plan 9 系统上。Xen 的体系结构如图 2-13 所示。

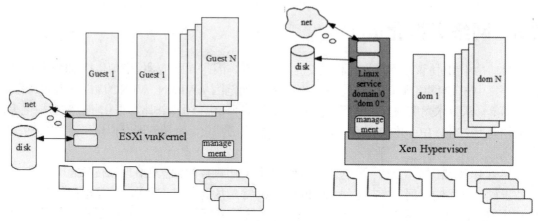

图 2-12　VMware ESXi 体系结构　　　　　图 2-13　Xen 体系结构

　　一个 Xen 虚拟机环境主要由以下几部分组成。

（1）Xen Hypervisor。

（2）Domain 0 —— Domain Management and Control（XEN DM&C）。

（3）Domain U Guest（Dom U）。

（4）PV Guest。

（5）HVM Guest。

图 2-14 显示了各部分之间的关系。

　　Xen Hypervisor 是介于操作系统和硬件之间的一个软件描述层。它负责在各个虚拟机之间进行 CPU 调度和内存分配。Xen Hypervisor 不仅抽象出虚拟机的硬件，同时还控制着各个虚拟机的执行。Xen Hypervisor 不会处理网络、存储设备、视频以及其他 I/O。

　　Domain 0 是一个修改过的 Linux 内核（Linux kernel），是唯一运行在 Xen Hypervisor 之上的虚拟机，它拥有访问物理 I/O 资源的权限，同时和系统上运行的其他虚拟机进行交互。Domain 0 需要在其他 Domain 启动之前启动。

　　运行在 Xen Hypervisor 上的所有半虚拟化（Paravirtualization）虚拟机被称为 "Domain U PV Guests"，其上运行着被修改过内核的操作系统，如 Linux、Solaris、FreeBSD 等其他 UNIX 操作系统。所有的全虚拟化虚拟机被称为 "Domain U HVM Guests"，其上运行着不用修改内核的操作系统，如 Windows 等。

3. Microsoft 的 Hyper-V

　　Hyper-V 是微软的一款虚拟化产品，必须在 64 位硬件平台上运行，同时要求处理器必须支持 Intel VT 技术或 AMD 虚拟化（AMD-V），即处理器必须具备硬件辅助虚拟化技术。Hyper-V 体系结构如图 2-15 所示。

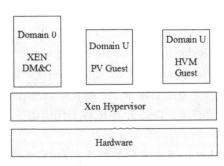

图 2-14　Xen 各个部分组成之间的关系

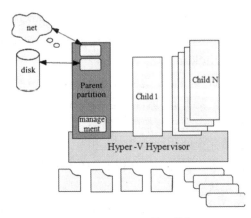

图 2-15　Hyper-V 体系结构

Hyper-V 是微软提出的一种系统管理程序虚拟化技术，采用微内核的架构，兼顾了安全性和性能的要求。Hyper-V 底层的 Hypervisor 运行在最高的特权级别下，微软将其称为 ring -1（而 Intel 则将其称为 root mode），而虚机的 OS 内核和驱动运行在 ring 0，应用程序运行在 ring 3 下，这种架构就不需要采用复杂的 BT（二进制特权指令翻译）技术，可以进一步提高其安全性。从架构上讲 Hyper-V 只有"硬件 - Hyper-V - 虚拟机"三层，本身非常小巧，代码简单，且不包含任何第三方驱动，所以安全可靠、执行效率高，能充分利用硬件资源，使虚拟机系统性能更接近真实系统性能。

Hyper-V 支持分区层面的隔离。分区是逻辑隔离单位，受虚拟机监控程序支持，并且操作系统在其中执行。Microsoft 虚拟机监控程序必须至少有一个父/根分区，用于运行 64 位版本的 Windows Server 操作系统。虚拟化堆栈在父分区中运行，并且可以直接访问硬件设备。随后，根分区会创建子分区用于承载来宾操作系统。根分区使用虚拟化调用应用程序编程接口（API）来创建子分区。

分区对物理处理器没有访问权限，也不能处理处理器中断。相反，它们具有处理器的虚拟视图，并运行于每个来宾分区专用的虚拟内存地址区域。虚拟机监控程序负责处理处理器中断，并将其重定向到相应的分区。Hyper-V 还可以通过输入/输出内存管理单元（IOMMU）利用硬件加速来加快各个来宾虚拟地址空间相互之间的地址转换。IOMMU 独立于 CPU 使用的内存管理硬件运行，并用于将物理内存地址重新映射到子分区使用的地址。从系统的结构图可以看出 Hyper-V 与 Xen 的架构很相似。

4．KVM

KVM 全称是 Kernel-based Virtual Machine，即基于内核的虚拟机。它是一个开源的系统虚拟化模块，自 Linux 2.6.20 之后集成在 Linux 的各个主要发行版本中。它使用 Linux 自身的调度器进行管理，所以相对于 Xen，其核心源码很少。KVM 目前已成为业界主流的 VMM 之一。

KVM 的虚拟化需要硬件支持（如 Intel VT 技术或者 AMD-V 技术），是基于硬件的完全虚拟化。KVM 虚拟化平台架构如图 2-16 所示。

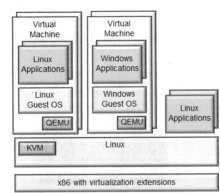

图 2-16　KVM 虚拟化平台架构

KVM 是一个独特的管理程序，通过将 KVM 作为一个内核模块实现，在虚拟环境下 Linux

内核集成管理程序将其作为一个可加载的模块用以简化管理和提升性能。在这种模式下，每个虚拟机都是一个常规的 Linux 进程，通过 Linux 调度程序进行调度。

5. Docker

Docker 是 PaaS 提供商 dotCloud 开源的一个基于 LXC 的高级容器引擎，源代码托管在 Github 上，基于 go 语言并遵从 Apache 2.0 协议开源。Docker 让开发者可以打包他们的应用以及依赖包到一个可移植的容器中，然后发布到任何流行的 Linux 机器上，也可以实现虚拟化。

容器完全使用沙箱机制，相互之间不会有任何接口（类似 iPhone 的 App）。几乎没有性能开销，可以很容易地在机器和数据中心运行。最重要的是，Docker 不依赖于任何语言、框架以及系统。

Docker 自开源后受到广泛的关注和讨论，以至于 dotCloud 公司后来都改名为 DockerInc.。红帽公司（Red Hat）已经在其 RHEL 6.5 中集中支持 Docker，Google 的 Compute Engine 也支持 Docker 在其之上运行。

Docker 项目的目标是实现轻量级的操作系统虚拟化解决方案。Docker 的基础是 Linux 容器（LXC）等技术。

在 LXC 的基础上，Docker 进行了进一步的封装，让用户不需要去关心容器的管理，使得操作更为简便，用户操作 Docker 的容器就像操作一个快速轻量级的虚拟机一样简单。

下面对比给出 Docker 和传统虚拟化（KVM、Xen 等）方式的不同之处。容器是在操作系统层面上实现虚拟化，直接复用本地主机的操作系统，而传统方式则是在硬件的基础上，虚拟出自己的系统，再在系统上部署相关的 APP 应用。

传统虚拟化方案如图 2-17 所示。

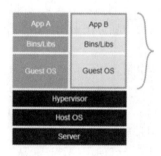

传统虚拟化方案：每个虚拟化应用不仅包含了应用程序和基本的二进制文件与库，还包含了操作系统。

图 2-17　传统虚拟化方案

Docker 虚拟化方案如图 2-18 所示。

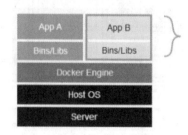

相对于传统虚拟化方案，Docker 引擎容器仅包含了这些应用程序和相关的依赖库，它作为一个隔离的进程运行在操作系统的用户空间上，与其他容器共享内核。因此，它具有如传统 VMs 方案一样的资源隔离以及共享两方面的优势，但更加快捷高效。

图 2-18　Docker 虚拟化方案

Docker 虚拟化有 3 个概念，分别是镜像、容器、仓库。

（1）镜像：Docker 的镜像其实就是模板，跟常见的 ISO 镜像类似，是一个样板。

（2）容器：使用镜像常见的应用或者系统，称之为一个容器。

（3）仓库：仓库是存放镜像的地方，分为公开仓库（Public）和私有仓库（Private）两种形式。

Docker 虚拟化与传统虚拟化（VM）比较具有如下优点。

（1）操作启动快。运行时的性能可以获取极大提升，管理操作（启动、停止、开始、重启等）都是以秒或毫秒为单位。

（2）轻量级虚拟化。在一台普通服务器上可以部署 100 ~ 1000 个 Containers（容器）。但是传统虚拟化，虚拟 10 ~ 20 个虚拟机就不错了。

（3）开源免费。开源的、免费的、低成本的，由 Linux 内核支持并驱动。

2.5 本章小结

本章主要介绍了服务器虚拟化的基本概念、服务器虚拟化的体系架构、关键特性与核心技术以及存储虚拟化和网络虚拟化等，这几种虚拟化是在数据中可实施的重要虚拟化技术。本章还对目前一些主流的虚拟化技术及产品进行了简要介绍。

习题 2

一、选择题

（1）（多项选择）服务器虚拟化通常包括以下哪些架构模型？_____

（A）宿主模型（OS-Hosted VMM）

（B）原生架构模型（Hypervisor VMM）

（C）混合模型（Hybrid VMM）

（D）CPU 虚拟机模型

（2）（多项选择）x86 体系架构上服务器虚拟化是指对哪些硬件资源的虚拟化？_____

（A）CPU   （B）内存

（C）网络   （D）设备与 I/O

（3）（多项选择）x86 体系架构上，下列哪些方法是针对 CPU 特权指令的虚拟化？_____

（A）基于模拟执行的 CPU 虚拟化技术

（B）基于操作系统辅助的 CPU 虚拟化技术

（C）基于硬件辅助的 CPU 虚拟化技术

（D）基于软件辅助的 CPU 虚拟化技术

（4）（多项选择）x86 体系架构上，下列哪些是主流的设备和 I/O 虚拟化实现方式？_____

（A）全设备模拟   （B）半虚拟化

（C）软件辅助虚拟化   （D）硬件辅助虚拟化

（5）（多项选择）x86 体系架构上，下列哪些是存储虚拟化的特性？_____

（A）异构存储设备整合

（B）简化存储管理

（C）高可靠性

（D）提高资源利用率、绿色存储

二、简答题

本书提到的主流虚拟化技术有哪些？简述它们各自的特点。

第二部分

技术篇

Chapter 3　第3章
VMware ESXi 技术

学习目标

　　本章主要介绍 VMware 企业级虚拟化平台 VMware ESXi 的基本功能、安装和配置方法，如何使用 VMware vShpere Client 管理 ESXi，以及在 ESXi 上创建并配置虚拟机的一般方法和步骤。另外，还介绍了 ESXi 的重要功能。
　　（1）了解 VMware ESXi 的基本概念，并掌握 VMware ESXi 的安装、配置的基本方法与技术。
　　（2）了解 VMware ESXi 的重要功能，并掌握 VMware ESXi 虚拟机的创建、定制技术。

3.1　VMware ESXi 概述

3.1.1　VMware ESXi 介绍

　　vSphere 是 VMware 公司推出的一套服务器虚拟化解决方案，vSphere 中的核心组件为 VMware ESXi，ESXi 是一款可以独立安装和运行在裸机上的系统，与常见的 VMware Workstation 软件的不同之处是它不再依存于宿主操作系统之上。在 ESXi 安装完成后，我们可以通过 vSphere 客户端（vSphere Client）远程连接控制，在 ESXi 服务器上创建多个虚拟机（VM），再为这些虚拟机安装 Linux/Windows Server 系统，使之成为能提供各种网络应用服务的虚拟服务器。ESXi 也是从内核级支持硬件虚拟化，运行于其中的虚拟服务器在性能与稳定性上不亚于普通物理服务器，而且更易于管理与维护。

3.1.2　VMware ESXi 安装

　　VMware ESXi 通常需要安装部署在服务器上，但如果只是用于学习和实训，也可以在虚拟机中安装。本章介绍在 VMware Workstation 中通过虚拟机安装 VMware ESXi。只要读者有一台主流配置的 PC 机（建议内存 8 GB 以上），即可完成本章的实训。
　　（1）在 VMware Workstation 中创建一台虚拟机。
　　作者所使用的 VMware Workstation 版本是 12.0.1，VMware ESXi 版本是 5.5，安装包文件为"VMware-VMvisor-Installer-201512001-3248547.x86_64.iso"。
　　① 在 Workstation 中单击"文件"菜单，选择"新建虚拟机"；
　　② 选择"典型（推荐）"类型的配置，单击"下一步"按钮；
　　③ 选择"安装程序光盘映像文件（iso）"，单击"浏览"按钮选择"VMware-VMvisor-Installer-

201512001-3248547.x86_64.iso"光盘安装文件,在下方会显示"已检测到 VMware ESXi 5",单击"下一步"按钮,后面的配置使用默认即可。

④ 全部配置完成后,勾选"创建后开启此虚拟机",单击"完成"按钮,如图 3-1 所示。

图 3-1 虚拟机配置信息

(2)开始安装 ESXi-5.5.0,选择默认的第一项"ESXi-5.5.0-20151204001-standard Installer",按"Enter"键开始安装,如图 3-2 所示。

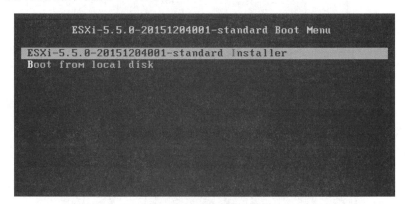

图 3-2 开始安装 ESXi

(3) ESXi installer 开始加载、安装,界面下方显示安装进度条,如图 3-3 和图 3-4 所示。

图 3-3 ESXi 安装进度条

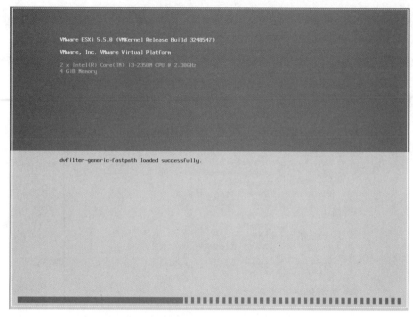

图 3-4　ESXi 安装过程

（4）进入 VMware ESXi 5.5.0 Installation 欢迎界面，按 "Enter" 键，选择 "Continue" 继续，如图 3-5 所示。

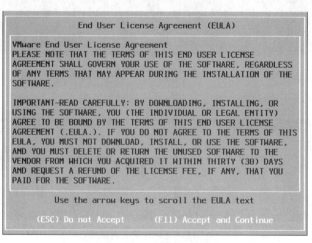

图 3-5　ESXi 欢迎界面

（5）进入用户协议界面，按 "F11" 键接受协议并继续，如图 3-6 所示。

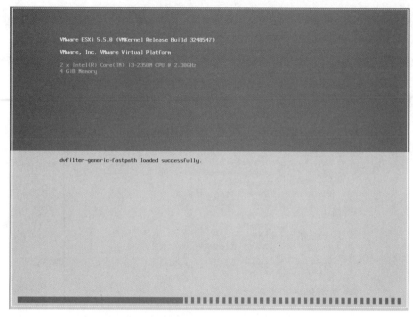

图 3-6　接受协议并继续

（6）开始扫描设备，扫描完成后，选择安装的磁盘，这里选择本地磁盘。按"Enter"键继续，如图 3-7 和图 3-8 所示。

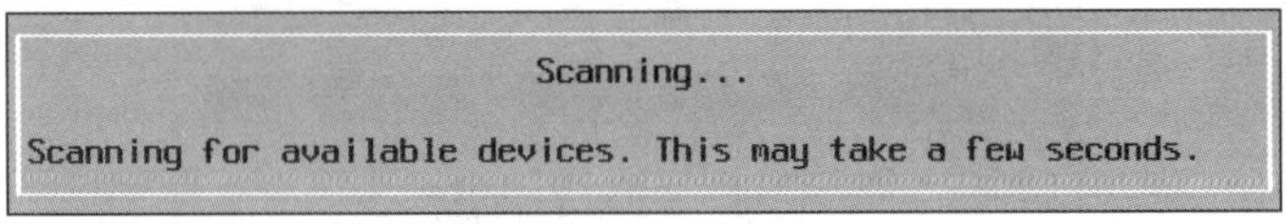

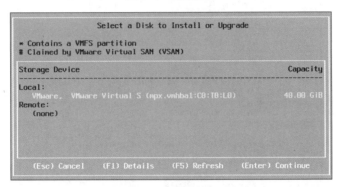

图 3-7　磁盘扫描

图 3-8　选择安装磁盘

（7）选择键盘类型，使用默认的"US Default"即可，按"Enter"键继续，如图 3-9 所示。

（8）设置 root 用户的登录密码，密码长度最小为 7 位。两次输入相同密码，设置完成后按"Enter"键继续，如图 3-10 所示。

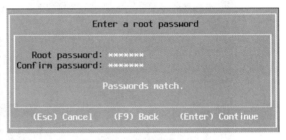

图 3-9　选择键盘类型　　　　　　　　　　　　图 3-10　设置密码

（9）系统信息扫描，如图 3-11 所示。

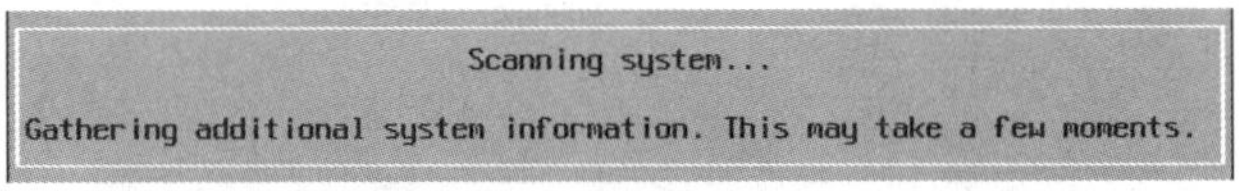

图 3-11　系统信息扫描

（10）按"F11"键确认安装，如图 3-12 所示。

图 3-12　确认安装

（11）开始进行 VMware ESXi 5.5.0 版本的安装，如图 3-13 所示。

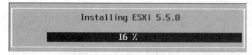

图 3-13 ESXi 安装进度

（12）安装完成后，按"Enter"键重启系统，如图 3-14 所示。

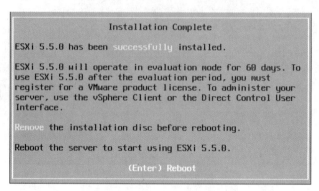

图 3-14 ESXi 安装完成重启

（13）系统重启后，待界面中显示 ESXi 主机动态分配的 IP 地址，表示系统已经启动完成，如图 3-15 所示。

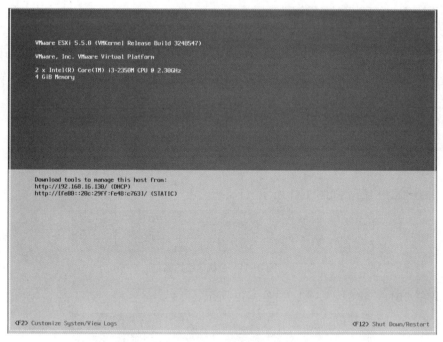

图 3-15 进入 ESXi 系统界面

3.1.3 VMware ESXi 配置

1. 进入 VMware ESXi 控制台

（1）将鼠标移动到 VMware ESXi 界面上，单击左键进入 ESXi 界面，按"F2"键，进入

ESXi 配置控制台，如图 3-16 所示。

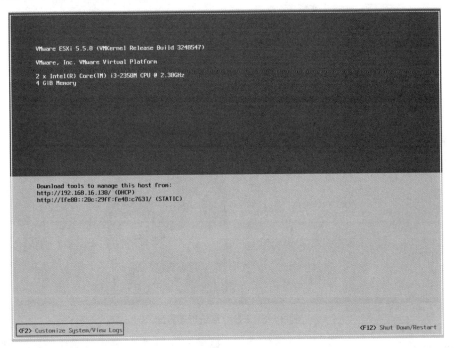

图 3-16　配置 ESXi

（2）在弹出的用户认证对话框中输入登录用户名和密码，按"Enter"键确认，如图 3-17 所示。

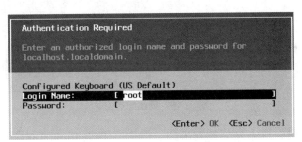

图 3-17　输入 ESXi 登录密码

（3）再次按"F2"键进入系统配置界面，在这里可以进行密码修改、网络配置、网络重启、网络测试、查看日志、查看支持信息、恢复系统设置等操作，如图 3-18 所示。

2．配置 VMware ESXi 网络

VMware ESXi 网络配置是在 ESXi 控制台中需要完成的最重要的一项工作，后续 ESXi 的主要配置，以及虚拟机创建和管理等功能都是通过 vSphere Client 完成的，但 vSphere Client 需要通过 IP 网络连接到 ESXi，所以 ESXi 的网络配置只能在控制台中完成。

（1）进入 ESXi 系统配置界面，将光标移动到"Configure Management Network"上，界面右侧可以看到当前的网络配置信息，如主机名称、ESXi 主机 IP 地址、DHCP 服务器 IP 地址等，如图 3-19 所示。

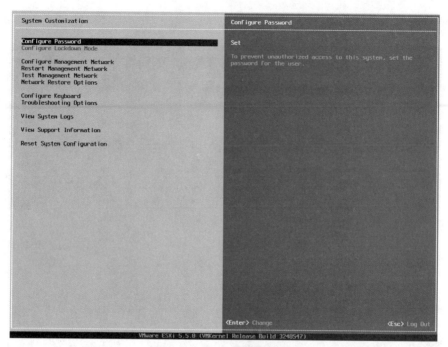

图 3-18　ESXi 系统管理界面

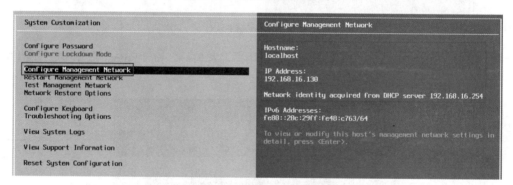

图 3-19　网络配置信息

（2）按"Enter"键，进入网络配置页面。选择"IP Configuration"，在右侧窗口可以看到目前的 IP 地址、子网掩码、网关配置等信息，如图 3-20 所示。

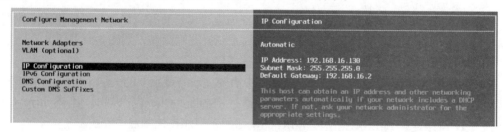

图 3-20　配置 IP 地址

（3）按"Enter"键，进入下一级配置页面。可以看到当前选中的是"Use dynamic IP address and network configuration"，即使用 DHCP 动态分配的 IP 地址。在页面下方有操作提示，使用 <Up/Down> 上下键可以移动光标到相应选项，按 <Space> 空格键选中，按 <Enter> 键确认配置完成，按 <Esc> 键取消配置返回上级菜单，如图 3-21 所示。

图 3-21 IP 配置信息

（4）因为 ESXi 服务器作为虚拟化的主机服务器，而 DHCP 动态分配的 IP 地址可能会发生变化，所以通常 ESXi 服务器要配置为静态 IP。用向下按键将光标移动到"Set static IP address and network configuration"选项上，按空格键选中。按照网络规划配置静态 IP 地址、掩码和网关。如果是使用 VMware Workstation 虚拟机安装 ESXi，则使用 DHCP 动态分配的 IP 地址作为静态 IP 即可。

VMware Workstation 各网络模式的 IP 网段信息可以打开"编辑"→"虚拟网络编辑器"查看，如图 3-22 所示。

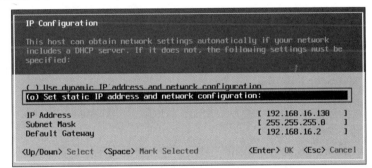

图 3-22 配置为静态 IP 地址

单击"NAT 设置"按钮可以查看和设置网关 IP，如图 3-23 所示。

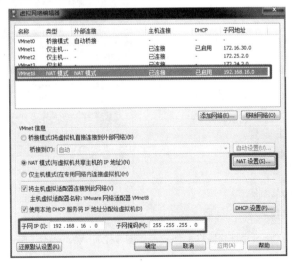

图 3-23 VMware Workstation 虚拟网络编辑器 NAT 子网信息

（5）按"Enter"键确认配置，然后按"Esc"键返回，此时会弹出确认页面，询问是否保存设置并重启网络。按"Y"键确认，如图 3-24 所示。

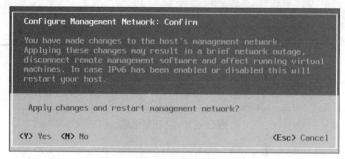

图 3-24　保存配置

（6）返回到 ESXi 系统主页面后可以看到 IP 地址已经更新为静态地址，如图 3-25 所示。

图 3-25　静态 IP 地址

3.1.4　使用 VMware vShpere Client 管理 ESXi

1. 使用 VMware vShpere Client 登录 ESXi

（1）在 Windows 上安装 VMware vSphere Client 客户端，使用"VMware-viclient-all-5.5.0-3237766.exe"安装包。采用默认安装设置，一直单击"Next"按钮即可完成客户端安装，此处不再描述安装过程。安装完成后可以在桌面上看到"VMware vSphere Client"程序快捷方式图标，如图 3-26 所示。

（2）双击"VMware vSphere Client"图标，进入登录对话框，填写 ESXi 服务器的 IP 地址，在"用户名"文本框中填写"root"，在"密码"文本框中填写登录密码，如图 3-27 所示。

图 3-26　VMware vSphere Client 桌面快捷方式图标　　　图 3-27　VMware vSphere Client 登录 ESXi

第一次登录会显示"安全警告"页面，如图 3-28 所示。单击"忽略"按钮，打开"VMware

评估通知"对话框，未输入产品 license 的情况下只有 60 天试用期，如图 3-29 所示。

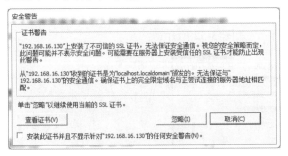

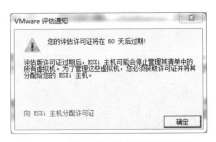

图 3-28　安全警告　　　　　　　　图 3-29　版本 60 天试用期评估通知

（3）进入主页后选择"清单"菜单项，进入 ESXi 的管理页面，如图 3-30 所示。

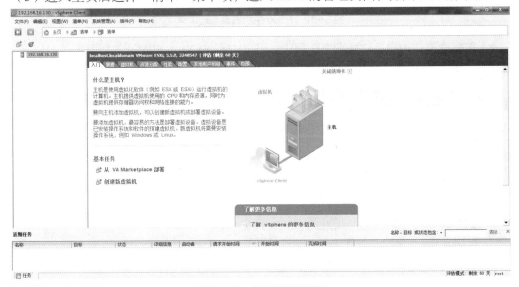

图 3-30　ESXi 管理界面

2．分配许可证密钥

选择"配置"→"已获许可的功能"，弹出"分配许可证"页面。单击"向此主机分配现有的许可证密钥"，输入购买的 license 后可获得长期许可，如图 3-31 所示。

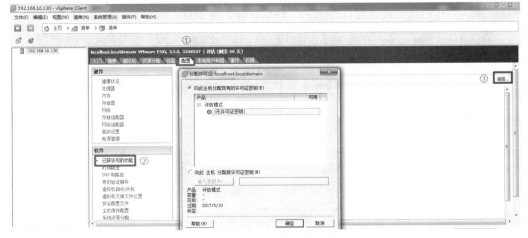

图 3-31　分配 ESXi 许可证

3. 使用 VMware vShpere Client 管理 ESXi

（1）右键单击左侧列表中的主机，弹出管理菜单，最常用的操作是在 ESXi 服务器上"新建虚拟机"，以及远程"关机"或"重新引导"，如图 3-32 所示。

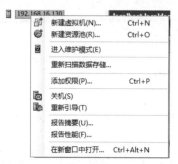

图 3-32　ESXi 主机右键管理菜单

（2）在管理窗口中单击"摘要"选项卡，可以查看 ESXi 主机的设备和配置信息以及资源使用情况，如图 3-33 所示。

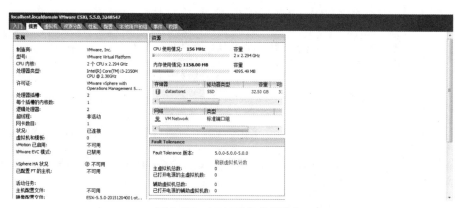

图 3-33　ESXi 主机摘要信息

（3）单击"配置"选项卡，这里最常用的是"存储器""网络""存储适配器""网络适配器"等几个选项，如图 3-34 所示。选择"存储器"配置，在右侧窗口可以查看已挂载到 ESXi 主机上的存储设备，"datastore1"是 ESXi 主机的本地存储，右键单击"datastore1"可以"浏览数据存储"，并对存储设备进行重命名、卸载、删除等操作。

图 3-34　浏览数据存储

单击"浏览数据存储",打开"数据存储浏览器",可以在 ESXi 的存储设备上新建文件夹、从本地 Windows 上传文件到 ESXi 存储设备或从 ESXi 下载文件到本地,如图 3-35 所示。

图 3-35　数据存储管理

(4)"网络"配置页面中可以查看当前的虚拟交换机、虚拟机端口组状态,可以编辑当前虚拟交换机的属性,也可以单击右上角的"添加网络"添加新的虚拟机端口组和虚拟交换机。

用于 ESXi 主机管理、虚拟机 vMotion 动态迁移等功能的虚拟网络端口组类型需要指定为"VMKernel 端口";用于虚拟机之间通信的端口组类型指定为"虚拟机端口组"。虚拟交换机可以与 ESXi 主机的物理适配器连接,用于虚拟机访问外部网络。

是否需要添加新的"虚拟机端口组"和新的"虚拟交换机"要根据虚拟机上执行的业务来确定,很多业务有内外网隔离的要求,这就需要在虚拟机上创建两个网卡,分别接入到不同的虚拟机端口组中。如果有更强的隔离需求,则需要将两个网卡接入到不同的虚拟交换机上,如图 3-36 所示。

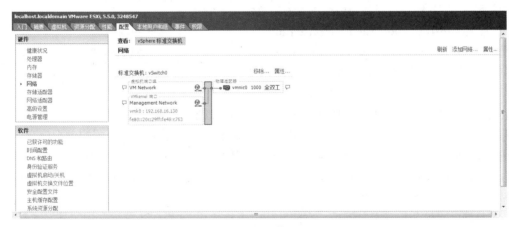

图 3-36　网络配置

(5)"存储适配器"配置页面中可以添加软件 iSCSI 适配器,访问远程存储设备,配置界面如图 3-37 所示。

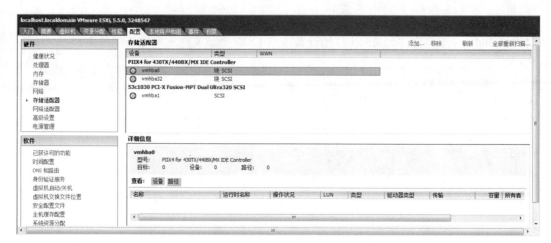

图 3-37 存储适配器配置

3.2 VMware ESXi 控制台

3.2.1 创建虚拟机

（1）右键单击 ESXi 主机，选择"新建虚拟机"，如图 3-38 所示。

（2）选择"自定义"配置，单击"下一步"按钮设置虚拟机名称；如要安装 Red Hat Enterprise Linux 7 操作系统，则可设置虚拟机名称为"RHEL7"，单击"下一步"按钮；选择虚拟机文件的目标存储，如 ESXi 主机的本地存储"datastore1"，单击"下一步"按钮；选择客户机操作系统类型和版本，如果菜单中没有 Red Hat Enterprise Linux 7，则可以选择 Red Hat Enterprise Linux 6（64 位），单击"下一步"按钮；配置"网络"，如使用默认配置，单击"下一步"按钮；创建磁盘，如设置

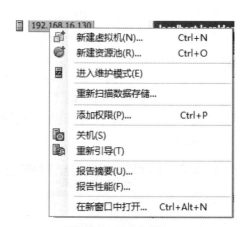

图 3-38 新建虚拟机

虚拟磁盘大小为 20 GB，选择"Thin Provision"（精简置备）模式，这种模式下虚拟磁盘实际占用的空间大小会根据用户实际使用的大小动态增加，最大不会超过设置的虚拟磁盘大小。"Thin Provision"模式可以有效节约磁盘空间，但因为磁盘在使用过程中会有磁盘分配和格式化的工作，所以性能比起"厚置备"模式稍差，不过对普通应用的虚拟机不会有太大影响。"厚置备"模式则是一次性分配用户设定的虚拟磁盘大小的存储空间，性能较好。"厚置备延迟置零"指的是一次性分配磁盘空间后，空间使用时再格式化。"厚置备置零"指的是一次性分配磁盘空间后立即格式化，这种磁盘模式性能最佳，但磁盘分配和格式化会在虚拟机创建过程中花费较多时间。用户应根据虚拟机上运行的业务选择磁盘分配类型，做实训实验一般选择"Thin Provision"类型。单击"下一步"按钮后，可以看到虚拟机的完整配置信息，确认无误后单击"完成"按钮。虚拟机配置信息如图 3-39 所示。

图 3-39　虚拟机配置信息

（3）在左侧列表中可以看到 ESXi 主机下增加了新创建的虚拟机 RHEL7，如图 3-40 所示。

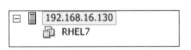

图 3-40　虚拟机创建完成

（4）单击"配置"选项卡，左侧硬件选择"存储器"，右侧右键单击"datastore1"→"浏览数据存储"，如图 3-41 所示。

图 3-41　浏览数据存储

在"数据存储浏览器"中可以看到，"datastore1"存储根目录下新建的 RHEL7 虚拟机文件夹里面存储了 RHEL7 虚拟机的虚拟磁盘文件，如图 3-42 所示。这些文件与 VMware Workstation 中创建的虚拟机磁盘文件格式是一样的，VMware 旗下的虚拟机产品之间有很好的通用性。

图 3-42 查看虚拟机磁盘文件

3.2.2 定制虚拟机

1．编辑虚拟机设置

（1）右键单击"RHEL7"虚拟机，在弹出的菜单中可以看到"电源"（打开/关闭虚拟机电源）、"快照"（拍摄/恢复虚拟机快照）、"打开控制台""编辑设置"等命令，还有"从清单中移除"虚拟机、"从磁盘删除"虚拟机等常用的操作，如图 3-43 所示。

（2）单击"编辑设置"打开虚拟配置页面。常用的配置包括修改"内存大小""CPU 数量"、修改"CD/DVD 驱动器"中加载的光盘镜像文件、修改"硬盘"置备大小、修改"网络适配器"接入的端口组，也可以添加新的硬件。例如，虚拟机需要接入两个不同的网络中，就需要添加一个新的"网络适配器"。编辑设置虚拟机界面如图 3-44 所示。

图 3-43 虚拟机右键管理菜单

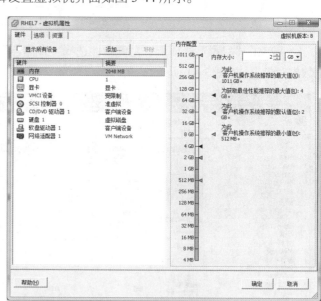

图 3-44 编辑设置虚拟机

2．安装虚拟机操作系统

（1）以安装 Red Hat Enterprise Linux 7 操作系统为例，首先加载操作系统安装盘 ISO 镜像文件，如图 3-45 所示。

图 3-45　虚拟机加载 ISO 文件

如果在 RHEL7 虚拟机中直接选择浏览 ISO 文件，只能访问到 ESXi 主机的数据存储内容，而无法访问 Windows 本地的 ISO 文件。

可以通过选择 ESXi 主机的"配置"→"存储器"，浏览"datastore1"数据存储，之后将Windows 本地的 ISO 镜像文件上传到"datastore1"中。这样运行在 ESXi 主机上的虚拟机就可以访问该 ISO 文件了。但这需要占用"datastore1"中的磁盘空间，如图 3-46 所示。

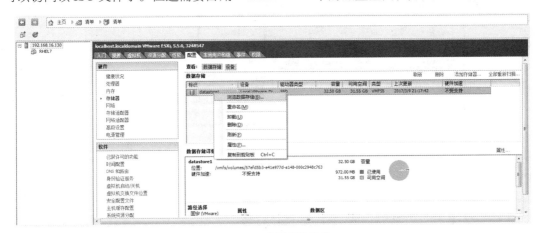

图 3-46　浏览数据存储

也可以通过下面的二级加载方式，使运行在 ESXi 上的虚拟机间接访问到 Windows 上的ISO 文件。

（2）通过二级加载访问 Windows 本地 ISO 文件。对 RHEL7 虚拟机"编辑虚拟机设置"，选择"CD/DVD 驱动器"，设备状态勾选"打开电源时连接"，设备类型选择"主机设备"，如图 3-47 所示。

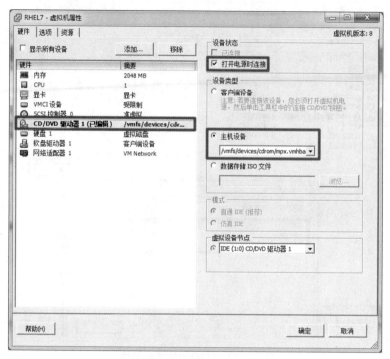

图 3-47　选择使用主机设备光驱

编辑 VMware Workstation 中 ESXi 主机的"虚拟机设置",选择"CD/DVD(IDE)",设备状态勾选"已连接",连接选择 Red Hat Enterprise Linux 7 操作系统的 ISO 安装镜像文件,完成编辑设置后单击"确定"按钮,如图 3-48 所示。

图 3-48　在 Workstation 中加载 ESXi 主机 ISO 文件

这样一来，通过 ESXi 主机的虚拟光驱加载了 Red Hat Enterprise Linux 7 操作系统的安装 ISO 镜像文件，而 ESXi 主机中运行的 RHEL7 虚拟机又使用了主机设备（即 ESXi 主机）的光驱，通过二级加载的方式使 RHEL7 虚拟机能够访问到 Windows 本地的 ISO 文件。

（3）启动虚拟机，即可开始安装 Red Hat Enterprise Linux 7 操作系统。切换到"控制台"页面，可以查看系统的安装进度。将鼠标光标放到控制台窗口中，可以对安装过桯进行操作。Linux 系统安装过程这里不再详细描述。

3.3 VMware ESXi 重要功能

VMware ESXi 是用于创建和运行虚拟机的虚拟化平台，它将处理器、内存等资源虚拟化为多个虚拟机。通过 ESXi 可以运行虚拟机、安装操作系统、运行应用程序以及配置虚拟机。在 ESXi 上能够配置虚拟机的资源，如存储设备、网络设备等。在 vSphere 5.5 中，ESXi 成为唯一的 Hypervisor，所有 VMware 代理均直接在虚拟化内核（VMkernel）上运行。基础架构服务通过 VMkernel 附带的模块直接提供，其他获得授权（拥有 VMware 数字签名）的第三方模块（如硬件驱动程序和硬件监控组件等）也可在 VMkernel 中运行，因此形成了严格锁定的体系架构。这种架构可以阻止未授权的代码在 ESXi 主机上运行，从而极大地改善了系统的安全性。在 ESXi 5.5 中，VMware 提供了包括镜像生成器（Image Builder）、面向服务的无状态防火墙、主机硬件全面监控、安全系统日志（Secure Syslog）、VMware vSphere 自动部署、扩展增强型 ESXi 框架以及新一代的虚拟机硬件等一些重要的增强功能。

3.4 VMware ESX 与 VMware ESXi 的区别

VMware ESX 和 VMware ESXi 都是直接安装在服务器硬件上的裸机管理程序，不同之处在于 VMware ESXi 采用了独特的体系结构和操作管理方法。尽管二者都不依赖操作系统进行资源管理，但 VMware ESX 依靠 Linux 操作系统（称作服务控制台）来执行以下两项管理功能：执行脚本，以及安装用于硬件监控、备份或系统管理的第三方代理。ESXi 中已删除了服务控制台，从而大大减少了此管理程序的占用空间，实现了将管理功能从本地命令行界面迁移到远程管理工具的发展趋势。更小的 ESXi 代码库意味着"受攻击面"更小，需要修补的代码也更少，从而提高可靠性和安全性。服务控制台的功能由符合系统管理标准的远程命令行界面取代。

ESXi 5.0 版本以后 VMware 只继续发布更新 ESXi 的版本，所以学习和使用 VMware 企业级虚拟化产品应当选择 VMware ESXi。

3.5 本章小结

本章对 VMware ESXi 技术给出了较为详细的介绍，包括 VMware ESXi 的安装、配置以及如何使用 VMware vShpere Client 管理 ESXi、如何创建和定制虚拟机。读者可以根据本章介绍的内容在 Windows 计算机上通过 VMware Workstation 创建一台裸设备安装 ESXi，只要使用的计算机内存达到 8 GB 就可以流畅运行，不需要专门的服务器硬件设备，便于我们学习 ESXi 平台，并为进一步学习 VMware vSphere 云计算解决方案打下基础。

习题 3

一、选择题

（多项选择）在 ESXi 平台的虚拟机中安装操作系统可以采用哪些方法？ _____

（A）ISO 镜像文件安装   （B）模板文件安装

（C）网络自动安装   （D）U 盘安装

二、简答题

在 ESXi 主机上创建虚拟机过程中，在"创建磁盘"的步骤中有三种磁盘置备选项"厚置备延迟置零""厚置备置零""Thin Provision"（精简置备），请问这几种置备模式的区别是什么？

三、计算题

云计算虚拟化技术可以将一个物理 CPU 内核虚拟化为 16 个虚拟化 CPU 内核。当前计划部署包括 100 个结点的云桌面系统，每个云桌面包括 1 个双核 CPU。按此规划共需要 8 核的物理 CPU 多少个？请描述计算过程。

四、操作题

（1）在 VMware Workstation 中创建一台虚拟机（2 个 CPU、4 GB 内存、60 GB 硬盘、2 个网卡），在该虚拟机上安装 VMware ESXi，并为 ESXi 分配静态 IP 地址。

（2）在 VMware ESXi 主机上创建一台虚拟机，加载 Red Hat Enterprise Linux 7 操作系统安装光盘，并安装操作系统。

Chapter 4 第4章
Citrix XenServer 技术

学习目标

本章将阐述虚拟机软件（Citrix XenServer）的发展概况、功能特性和系统架构，介绍 XenServer 及其管理平台软件 XenCenter 的安装过程，并且展示创建新虚拟机步骤和常用定制功能。

了解 XenServer 的功能特性、虚拟基础架构及系统架构，掌握 XenServer 和 XenCenter 的安装、配置以及创建虚拟机环境的基本方法与技术。

4.1 Citrix XenServer 概述

Citrix（思捷）公司是著名的虚拟化平台产品的生产厂商，Citrix XenServer（以下简称 XenServer）是 Citrix 公司推出的完整服务器端虚拟化平台，同时还有面向客户端部署的产品 XenApp 和 XenDesktop，能够满足企业级应用的需求。

XenServer 功能强大丰富，具有优秀的开放性架构、性能、存储集成和总拥有成本。XenServer 是基于开源 Xen Hypervisor 的免费虚拟化平台，这个平台引进的多服务器管理控制台 XenCenter，具有关键的管理能力。XenCenter 可以管理虚拟服务器、虚拟机（VM）模板、快照、共享存储支持、资源池和 XenMotion 实时迁移。

XenServer 已经针对 Windows 和 Linux 虚拟服务器进行了优化。它是一种全面的企业级虚拟化平台，可用于实现虚拟数据中心的集成管理和自动化。它具备一整套服务器虚拟化工具，可以在整个数据中心内实现成本节约，更高的数据中心灵活性和可靠性，为企业提供高性能的支持。XenServer 具备多种新特性，能有效地管理虚拟网络，将所有虚拟机连接在一起，并为应用用户分配管理接入权限。

XenServer 是可以直接安装在裸机上的组件，用户可以在其虚拟机里安装操作系统。XenServer 的安装简单直接，利用 CD 或网络驱动安装程序，就可以将 XenServer 直接安装在主机系统上。基于 XenCenter GUI 的管理控制台可以安装在任何 Windows 计算机或服务器上，系统配置信息将保存在 XenServer 控制域的内部数据存储中，然后复制到集中管理下的所有服务器（这些服务器形成了一个资源池），以确保关键管理服务的高可用性。这种架构的好处就是无须为关键的管理功能单独配置数据库服务器。

4.2　XenServer 的功能特性

XenServer 具有从管理基础架构到优化长期 IT 运营，从实现关键流程的自动化到交付 IT 服务所必需的功能来满足企业的 IT 要求，帮助企业将数据中心转化为 IT 服务交付中心。

4.2.1　利用 XenServer 实现数据中心业务连续性

XenServer 可以自动完成关键 IT 流程，来改进虚拟环境中的服务交付，提高业务连续性，节省时间和成本，同时提供响应更灵敏的 IT 服务。XenServer 的业务连续性包括以下几点。

（1）站点恢复。为虚拟环境提供站点间灾难恢复规划和服务。站点恢复比较简单，恢复操作非常迅速，而且可以定期测试，以保证灾难恢复计划的有效性。

（2）动态工作负载均衡。可以在一个资源池里面的两台虚拟机之间自动均衡负载，从而提高系统利用率和应用性能。工作负载均衡可对应用要求和可用的硬件资源进行配置，进而智能地将虚拟机放置在资源池中最合适的服务器上。

（3）高可用性。当虚拟机、虚拟机管理系统或服务器发生故障时，自动重启虚拟机。这种自动重启功能，使用户可以保护所有虚拟化应用，同时为企业带来更高的可用性。

（4）主机电源管理。利用嵌入式硬件特性，动态地将虚拟机整合到数量更少的系统中，在服务需求波动时关闭未得到充分使用的服务器，进而降低数据中心的功耗。

（5）自动 VM 保护和恢复。利用简便易用的设置向导，管理员可以创建快照，并对策略进行存档，定期快照可在虚拟机出现故障时提供帮助，防止数据丢失，制定的策略基于快照类型、频率、所保存的历史数据量以及归档位置。只需选择最后一个良好的已知归档，就可以删除虚拟机。

（6）内存优化。在主机服务器上的虚拟机之间，共享未使用的服务器内存，进而降低成本，提高应用性能，并实现更有效的保护。

4.2.2　利用 XenServer 实现高级集成和管理

有了 XenServer 的增强版，还可以利用多种先进的功能，实现物理和虚拟资源的全面集成，并打造能以更细粒度进行管理的虚拟环境。XenServer 的高级集成和管理包括以下几点。

（1）带可授权管理功能的 Web 管理控制台。Web 管理控制台可以将这个虚拟机的管理权限分配给用户，同时提供一种方法来帮助用户轻松地管理虚拟机的日常运行。

（2）应用置备服务。通过创建一系列黄金镜像来降低存储要求，这些黄金镜像能够传输到物理和虚拟服务器上，实现快速一致且可靠的应用部署。

（3）IntelliCache。XenServer 优化用于降低 XenDesktop 安装的总成本并提高性能。XenServer 使用本地存储作为启动镜像和非持续性或临时数据的存储库，因此可缩短虚拟桌面的启动时间，减少网络流量，并节约 XenDesktop 安装的总体存储成本。

（4）分布式虚拟交换。创建一个多用户、高度安全而且异常灵活的网络架构，使虚拟机可以在网络中自由移动，同时确保出色的安全性和控制。分布式虚拟交换可以将不同子网桥接起来，在不同网络、现场网络和云网络之间，实现虚拟机的动态迁移，而不需要任何人工干预。

（5）异构池。它支持资源池包含使用不同处理器类型的服务器，并支持全面的 XenMotion、高可用性、工作负载均衡和共享存储功能。

（6）基于角色的管理。基于角色的管理可提高安全性，使用分层访问结构和不同权限级别，实现对 XenServer 资源池的可授权访问、控制和使用。

（7）性能报告和预警。迅速接收通知和虚拟机性能历史报告，快速识别和诊断虚拟基础架构中的故障。

4.2.3　高性能虚拟基础架构

搭建完整的虚拟基础架构，包括支持实时迁移的 64 位系统管理程序。虚拟基础架构提供的特性包括面向虚拟机和主机的集中管理控制台，以及一整套可快速构建并运行虚拟环境的工具。XenServer 的虚拟基础架构包括以下几种。

（1）XenServer。XenServer 是基于 Xen 的开源设计，是一种高度可靠、可用而且安全的虚拟化平台，它利用 64 位架构提供接近本地的应用性能和无与伦比的虚拟机密度。XenServer 通过一种直观的向导工具，可以帮助用户在十分钟内完成 Xen 部署，轻松完成服务器、存储设备和网络设置。磁盘快照和恢复可创建虚拟机和数据的定期快照，在出现故障的情况下，轻松恢复到已知的工作状态。磁盘快照还可以克隆，以加快系统部署。

（2）转换工具。XenServer 中包含的转换工具可以将任何物理服务器、桌面工作负载及现有的虚拟机转化为 XenServer 虚拟机。

（3）多服务器管理。XenCenter 可通过单一界面提供所有虚拟机监控、管理和一般管理功能，包括配置、补丁管理和虚拟机软件库等。IT 管理人员可以从一个安装在任何 Windows 桌面上的管理控制台轻松管理数百台虚拟机，如果某台管理服务器发生故障，资源池中的任何其他服务器，都可以及时接替它的管理功能。

（4）XenMotion。XenMotion 允许将活动虚拟机迁移到新主机上，而不导致应用中断或停机，彻底避免计划外停机。

4.3　XenServer 系统架构

XenServer 架构与 VMware 完全不同，因为 XenServer 是利用虚拟化感知处理器和操作系统进行开发的。XenServer 的核心是开源 Xen Hypervisor，在基于 Hypervisor 的虚拟化中，有两种实现服务器虚拟化的方法。一种方法是将虚拟机器产生的所有指令，都翻译成 CPU 能识别的指令格式，这会给 Hypervisor 带来大量的工作负荷；另一种方法是直接执行大部分子机 CPU 指令，在主机物理 CPU 中运行指令，性能负荷很小。

XenServer 采用了超虚拟化和硬件辅助虚拟化技术，客户机操作系统清楚地了解它们是基于虚拟硬件运行的。操作系统与虚拟化平台的协作，进一步简化系统管理程序开发，同时改善了性能，如图 4-1 所示。

在 Xen 环境中，主要由两部分组成，一部分是虚拟机监控器（VMM），又称 Hypervisor。Hypervisor 层在硬件与虚拟机之间，是必须最先载入到硬件的第一层。Hypervisor 载入后，就可以部署虚拟机了。

在 Xen 中，虚拟机又称 Domain。在这些虚拟机中有一个虚拟机扮演着很重要的角色，就是 Domain 0，它具有很高的管理员权限，通常在任何虚拟机之前安装的操作系统才有这种权限。

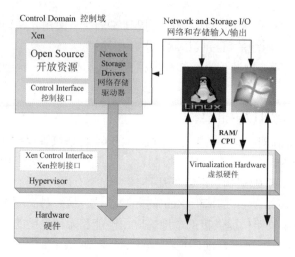

图 4-1　Xen 系统架构

Domain 0 主要负责一些专门的工作，由于 Hypervisor 中不包含任何与硬件对话的驱动程序，也没有与管理员对话的接口，这些驱动程序就由 Domain 0 来提供了。

XenServer 的设备驱动程序也与 VMware 不同。采用 XenServer，所有虚拟机与硬件的互操作行为，都通过 Domain 0 控制域进行管理，而 Domain 0 控制域本身就是基于 Hypervisor 运行的、具有特定权限的虚拟机。Domain 0 运行的是安全加固型和优化过的 Linux 操作系统。对管理员来说，Domain 0 是整个 XenServer 系统的一部分，不需要任何安装和管理。正因为如此，XenServer 可以采用任何标准的开源 Linux 设备驱动，从而实现对各种硬件的广泛支持。

4.4　安装 XenServer 和 XenCenter

4.4.1　安装 XenServer

XenServer 可以直接安装在计算机硬件之上，它可以运行若干台虚拟机服务器，并对外提供应用服务。XenServer 安装的硬件环境要求内存至少为 16 GB，最好为 32 GB 以上，硬盘存储空间充足，计算机硬件支持 Intel-VT 功能（Virtualization Technology，虚拟化技术）。下面以在一台服务器硬件上安装 XenServer 6.5 中文版为例，介绍具体的安装步骤。

（1）安装 XenServer 之前要在服务器主机 BIOS 中打开 Intel-VT 功能。

（2）从网上下载 XenServer 安装文件，将其刻录成 CD，将主安装 CD 插入服务器的 DVD 驱动器中。选择从 DVD 驱动器重启计算机，此时会显示初始引导消息和 Welcome to XenServer 界面，如图 4-2 所示。在这个界面下有两个选项，按"F1"键表示进行标准安装，按"F2"键表示进行高级安装。

（3）在选择按"F1"键进行标准安装后，进入安装设置界面，在选择键盘布局界面中，选择要在安装过程中使用的键盘布局，此处选择"us"，如图 4-3 所示。

（4）选择键盘后会显示"Welcome to XenServer Setup"界面，如图 4-4 所示。告知用户在安装 XenServer 时会重新格式化本地磁盘，所有原来的数据都会丢失，并且要求用户确认是否有重要数据，确定后单击"Ok"按钮，在整个安装过程中，可以通过按"F12"键，快速前进到下一个界面。要获得常规的帮助，则按"F1"键。

图 4-2　安装界面

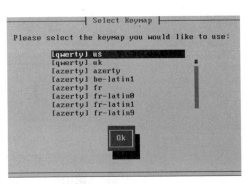

图 4-3　选择键盘布局

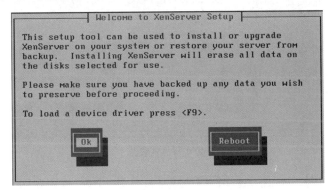

图 4-4　开始安装 XenServer

（5）在 Citrix 用户协议中阅读并接受 XenServer 最终用户许可协议，因为 Xen 的内核版本是 Linux 开源系统，所以必须选择"Accept EULA"（同意用户许可协议），如图 4-5 所示。

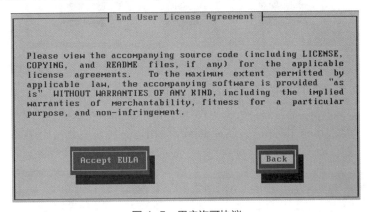

图 4-5　用户许可协议

（6）如果拥有多个本地硬盘，请选择磁盘进行安装，单击"Ok"按钮，下面是开启 Cache，能够减小存储的压力，在 DDC 服务器配置中，选择 host 也要对应开启才行，主要针对的是 Citrix 的虚拟桌面，如图 4-6 所示。

（7）在选择安装介质中选择"Local media"（本地介质）作为安装源，如图 4-7 所示。

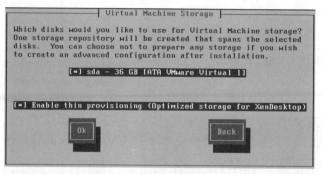

图 4-6　虚拟机存储

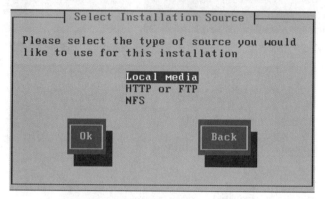

图 4-7　安装源

（8）当系统询问是否希望安装任何增补包时，单击"No"按钮，如图4-8所示。

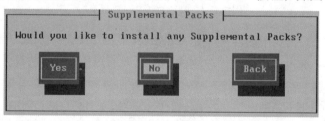

图 4-8　安装增补包

（9）在验证安装源界面中选择"Skip verification"（跳过验证），然后单击"Ok"按钮，如果在安装期间遇到问题，建议选择"Verify installation source"，如图4-9所示。

（10）设置并确认root用户密码，XenServer应用程序将使用此密码连接XenServer主机，如图4-10所示。

图 4-9　验证安装源

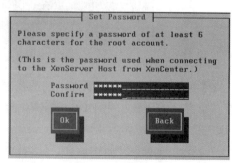

图 4-10　设置密码

（11）设置将用来连接 XenServer 的管理接口，有的计算机有多个网络接口卡，选择用来实施管理的网卡，如图 4-11 所示。

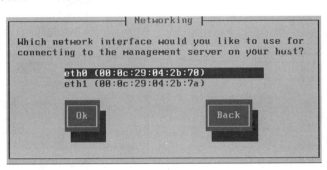

图 4-11　网络接口

（12）将管理网卡的 IP 地址配置为静态 IP 地址，或使用 DHCP。手工指定或通过 DHCP 自动指定主机名和 DNS 配置，如图 4-12 所示。

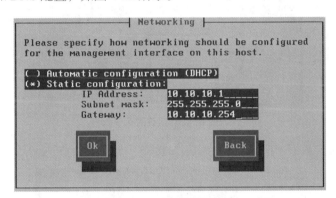

图 4-12　设置网络参数

（13）手工配置 DNS，在窗口的字段中输入主要、二级和三级 DNS 服务器的 IP 地址（如无特别需要，一般只需填写首选 DNS 即可），如图 4-13 所示。

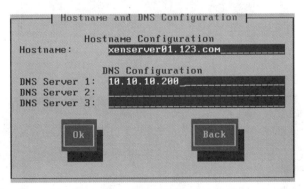

图 4-13　配置主机名和 DNS

（14）选择时区，先选择地理区域，然后选择城市，如图 4-14 和图 4-15 所示。

（15）指定服务器在确定本地时间时所用的方法，使用 NTP，或手动输入时间，单击 "Ok" 按钮，如图 4-16 所示。

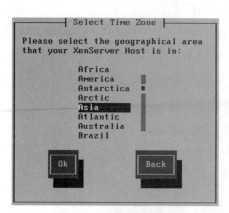

图 4-14　选择地区

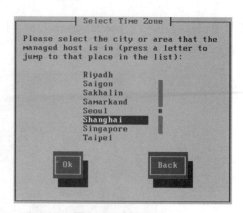

图 4-15　选择城市

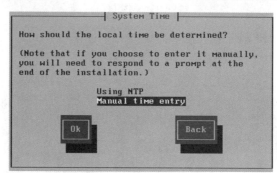

图 4-16　系统时间

（16）设置完成后单击"Install XenServer"按钮，如图 4-17 所示。

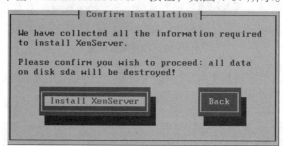

图 4-17　确认安装

（17）XenServer 安装进度如图 4-18 所示。

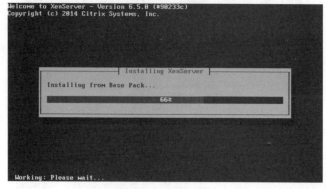

图 4-18　正在安装

（18）如果选择手动设置时间和日期，系统会提示输入本地时间信息，如图 4-19 所示。

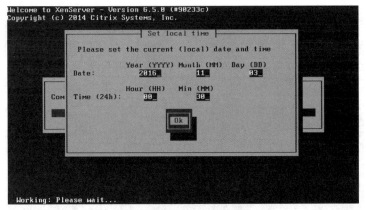

图 4-19　设置本地时间

（19）在"Installation Complete"（安装完成）界面中，要求从驱动器中取出安装光盘，然后单击"Ok"按钮，重新引导服务器，如图 4-20 所示。

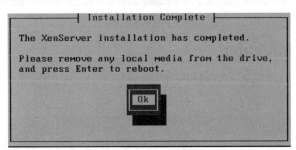

图 4-20　安装完成

（20）安装成功后会启动 CiTRIX XenServer，界面如图 4-21 所示。

图 4-21　启动界面

（21）服务器重新引导后，XenServer 将显示 XSconsole 界面，这是系统配置控制台，至此 XenServer 安装且启动完成，如图 4-22 所示。

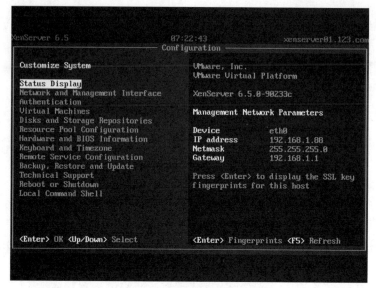

图 4-22　控制台窗口

4.4.2　安装 XenCenter

（1）从 Citrix 公司官网下载 XenCenter 安装包，下面以 XenCenter 7.0.1 英文版为例。双击此安装包启动安装，如图 4-23 所示。

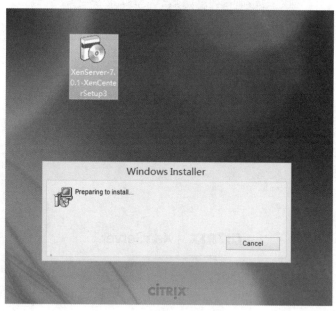

图 4-23　启动安装

（2）进入"Citrix XenCenter Setup"欢迎界面，单击"Next"按钮，如图 4-24 所示。

（3）在"Citrix XenCenter Setup"的"Custom Setup"界面，自定义安装组件或目标文件夹，还可以设置所有用户可用"All Users"或仅自己可用"Just Me"，完成后单击"Next"按钮，如图 4-25 所示。

图 4-24　安装欢迎界面

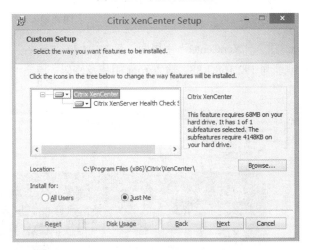

图 4-25　安装目标文件夹

（4）进入"Citrix XenCenter Setup"的"Ready to install Citrix XenCenter"界面，单击"Install"按钮，如图 4-26 所示。

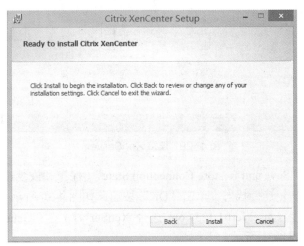

图 4-26　开始安装

（5）安装进行中，如图 4-27 所示。

（6）单击"Finish"按钮，完成安装，如图 4-28 所示。

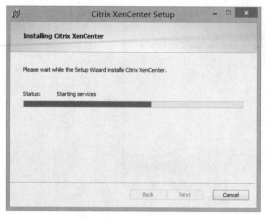

图 4-27　安装进行中

图 4-28　安装完成

（7）启动 XenCenter，进入"XenCenter"主界面。双击"Add a Server"添加已有的 XenServer，此处，XenServer 的 IP 地址为 192.168.1.88，输入 root 用户及密码，单击"Add"按钮，如图 4-29 所示。

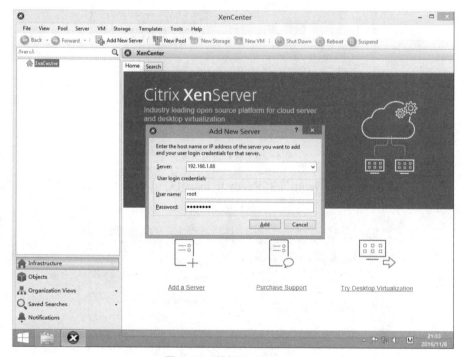

图 4-29　连接 XenServer

（8）此时会弹出"Save and Restore Connection State"（保存和恢复连接状态）对话框，询问是否启动时保存和恢复连接状态，单击"OK"按钮，如图 4-30 所示。

（9）至此，连接上 xenserver01.123.com 这台 XenServer，在"General"选项卡会显示服务器的基本情况，如图 4-31 所示。

图 4-30　保存连接状态确认

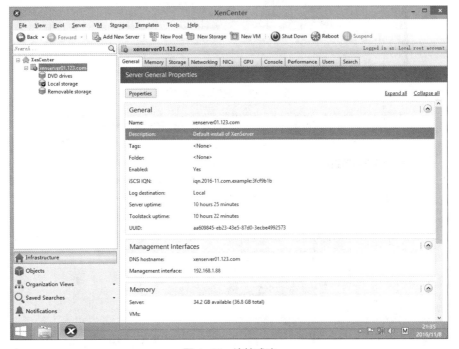

图 4-31　连接成功

4.5　创建虚拟机环境

4.5.1　创建虚拟机

在 XenServer 上可以创建 Windows 和 Linux 等虚拟机，XenServer 支持大部分的主流操作系统，可以克隆相应的模板，然后安装操作系统。必须在每一台虚拟机上安装 XenServer Tools，XenServer 不支持运行不包含 XenServer Tools 的升级。下面以新建 Windows Server 2012 R2（64 bits）（中文版）虚拟机为例。

（1）在 XenCenter 工具栏上，选择 "New VM"（新建虚拟机）选项，打开新建虚拟机向导，如图 4-32 所示。

（2）选择 VM 模板为 "Windows Server 2012 R2（64-bit）"，单击 "Next" 按钮，如图 4-33 所示。

（3）输入新的虚拟机名称和说明，然后单击 "Next" 按钮，如图 4-34 所示。

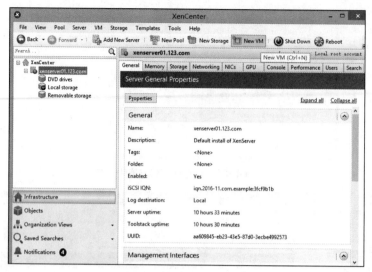

图 4-32　新建 VM 向导

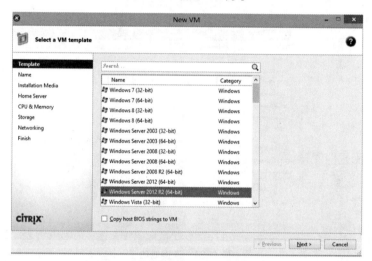

图 4-33　选择 VM 模板

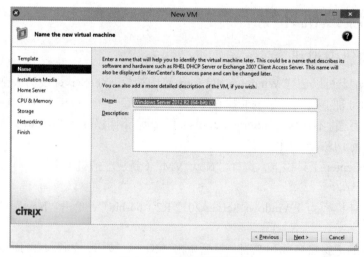

图 4-34　设置名称和说明

（4）为即将安装的 VM 操作系统选择安装源，默认为 XenServer 所在计算机的 DVD 驱动器，单击"Next"按钮，如图 4-35 所示。

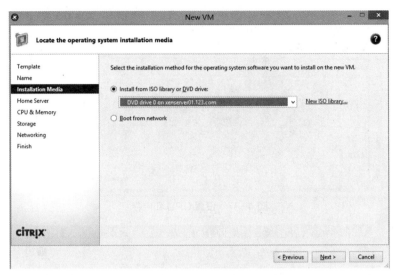

图 4-35　安装源

（5）为虚拟机选择主服务器或群集，如果为虚拟机指定主服务器，则只要该服务器可用，虚拟机始终在该虚拟机上启动，如果不行，则自动选择相同池中的备用服务器，如图 4-36 所示。

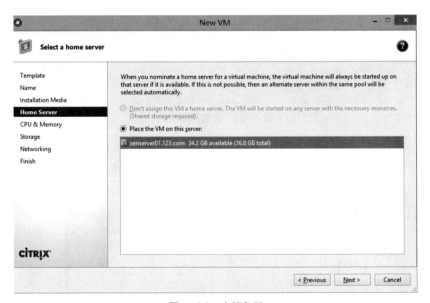

图 4-36　主服务器

（6）对于 Windows 虚拟机，默认设置为 1 个虚拟 CPU 和 2 GB 内存。也可以修改默认配置，设置为 2 个 CPU 和 3 GB 内存，修改完之后，单击"Next"按钮，如图 4-37 所示。

（7）为新虚拟机分配和配置存储，此处请注意 XenServer 服务器必须有足够的剩余存储空间，单击"Next"按钮，选择默认分配和配置，如图 4-38 所示。

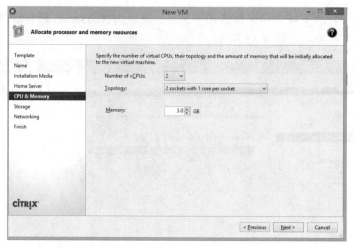

图 4-37　设置 CPU 和内存

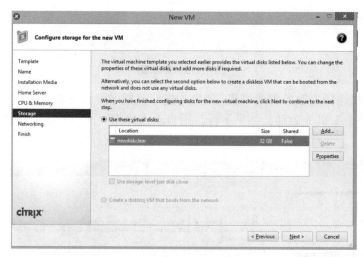

图 4-38　设置存储空间

（8）如果想修改虚拟磁盘的名称、说明或大小，可以单击图 4-38 中的"Properties"按钮。如果要增加新虚拟磁盘，可单击"Add…"按钮，添加一个新虚拟磁盘，设置相应选项，如图 4-39 所示。

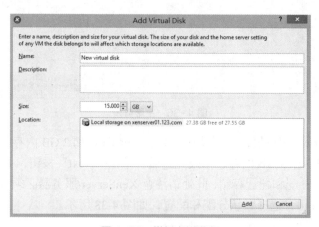

图 4-39　增加虚拟磁盘

（9）配置新虚拟机的网络连接设置。单击"Next"按钮，可选择默认网络接口卡和配置；也可以单击"Add"按钮，添加一个虚拟的网络接口卡。在创建虚拟机时，最多可创建 4 个网络接口卡，可以在虚拟机创建完成后，继续添加网络接口卡。对于每个虚拟机最多支持 7 个虚拟网络接口，如图 4-40 所示。

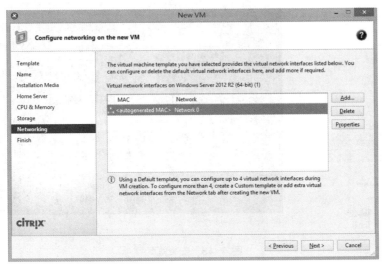

图 4-40　选择网卡

（10）单击"Properties"按钮，可以为每个网络接口卡自动创建唯一的物理地址，以更改虚拟磁盘的物理网络、物理地址或服务质量优先级，如图 4-41 所示。

（11）检查设置，然后单击"Create Now"按钮，以创建新的虚拟机，如图 4-42 所示。

图 4-41　设置网卡参数

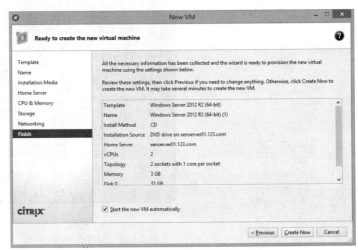

图 4-42　待创建 VM 概况

（12）在左边的资源窗格中，该主机下方出现新虚拟机"Windows Server 2012 R2（64-bit）（1）"的图标。在资源窗格中选择该虚拟机，然后在窗口右方单击"Console"选项卡，以显示虚拟机控制台，然后可按照操作系统安装屏幕上的说明进行语言、货币格式和输入法的设置，如图 4-43 所示。

（13）设置完成后，单击"现在安装"按钮，如图 4-44 所示。

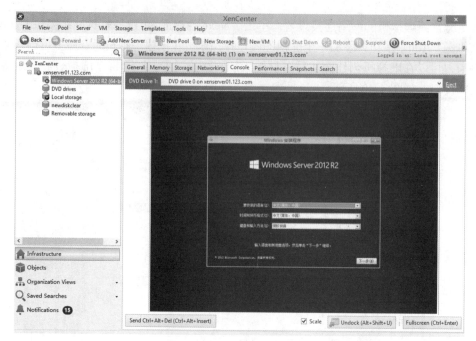

图 4-43　安装首页

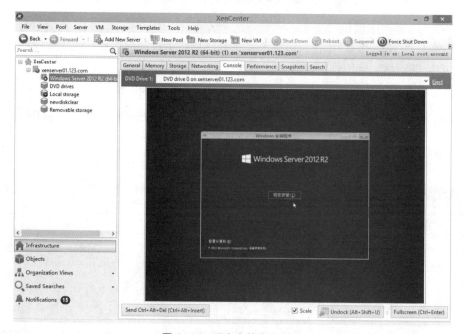

图 4-44　现在安装确认界面

（14）选择"Windows Server 2012 R2 Datacenter（带有 GUI 的服务器）"选项，单击"下一步"按钮，如图 4-45 所示。

（15）选择"我接受许可条款"，单击"下一步"按钮，如图 4-46 所示。

（16）双击第一个"升级"选项，如图 4-47 所示。

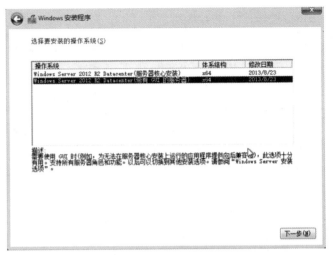

图 4-45　安装操作系统

图 4-46　许可条款

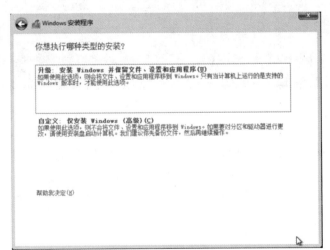

图 4-47　安装类型

（17）单击"下一步"按钮，如图 4-48 所示。

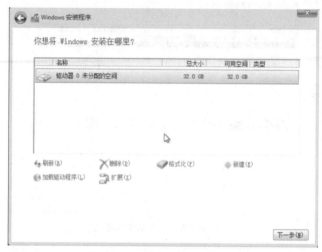

图 4-48　安装位置

（18）设置管理员密码，单击"完成"按钮，如图 4-49 所示。

图 4-49　设置密码

（19）待安装完成后，虚拟机（VM）就会进入登录前提示按"Ctrl+Alt+Delete"组合键的界面。至此，XenServer 上新建的 Windows Server 2012 R2（64-bit）虚拟机已经安装完成，如图 4-50 所示。

（20）单击虚拟机窗口下方"Send Ctrl+Alt+Del（Ctrl+Alt+Insert）"按钮，登录进入桌面，如图 4-51 所示。

图 4-50　安装完成

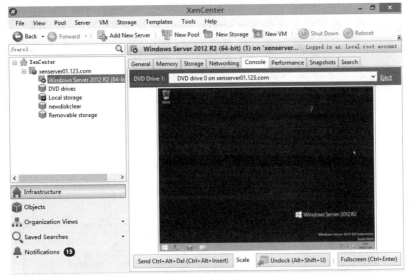

图 4-51　登录成功

4.5.2　虚拟机（VM）安装 XenServer Tools

XenServer Tools 可以提供高速的输入/输出，以实现更高的磁盘和网络性能，XenServer Tools 必须安装在每一台虚拟机上，使得虚拟机具有完全受支持的配置。尽管没有 XenServer Tools，虚拟机也可以工作，但是其性能将大打折扣，XenServer Tools 还支持某些功能特性，包括彻底关闭、重新引导、挂起和实时迁移虚拟机等。

（1）在 XenCenter 窗口菜单中，单击"VM"选项卡，在弹出的下拉菜单中选择"Install XenServer Tools…"选项，如图 4-52 所示。

（2）此时弹出"Install XenServer Tools"对话框，询问是否加载 Install XenServer Tools DVD 到 VM 的 DVD 驱动器，单击"Install XenServer Tools"按钮，如图 4-53 所示。

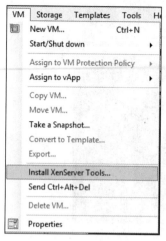

图 4-52　VM 菜单

图 4-53　安装确认

（3）此时，XenServer Tools 以 ISO 的形式插入虚拟机的虚拟光驱中。打开"我的电脑"里面的设备和驱动器，找到已经挂载 XenServer Tools 镜像文件的 CD 驱动器，双击 CD 驱动器，或者从光驱下直接运行 xensetup.exe，如图 4-54 所示。

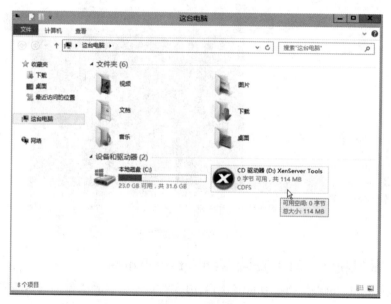

图 4-54　安装源

（4）之后自动打开 XenServer Tools 安装向导的配置步骤，单击"Next"按钮，如图 4-55 所示。

（5）在接受许可协议界面中，选择"I accept the terms in the License Agreement"（接受许可协议），然后单击"Next"按钮，如图 4-56 所示。

（6）选择目标文件夹，并单击"Next"按钮，如图 4-57 所示。

（7）单击"Install"按钮，如图 4-58 所示。

图 4-55　安装欢迎界面

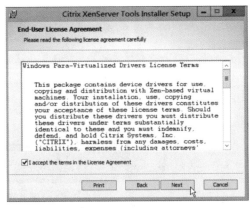

图 4-56　许可协议

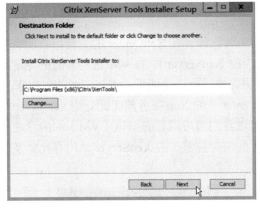

图 4-57　安装目标文件夹

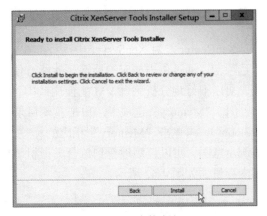

图 4-58　安装确认

（8）此时提示已经完成安装前的配置，可以正式开始安装 XenServer Tools，单击"Install Tools"按钮开始安装，如图 4-59 所示。

（9）安装完成后，单击"Restart Now"（立刻重新引导）按钮，如图 4-60 所示。

图 4-59　正式开始安装

图 4-60　重启确认

（10）单击"Done"按钮，完成安装，如图 4-61 所示。

图 4-61　安装完成

4.6　XenCenter 的监控功能

XenCenter 能对 XenServer 中运行的 VM 进行实时监控，在 XenCenter 的主窗口右侧有多个选项卡，通过单击相应的标签，就能方便地对当前 XenServer 中的 VM 进行实时的定量监测，可以很好地分析每台 VM 的使用效率，从而更好地进行资源调配，发挥资源的复用率。

（1）"Memory"选项卡。单击左侧目录 XenCenter 下的 Xen 服务器（此处为 xenserver01.123.com），再单击"Memory"相应的标签，就可以看到当前两台虚拟机（VM）的内存使用情况示意图，可以直观地看到每台虚拟机（VM）的内存总量、占 XenServer 总内存比重及空闲内存量，如图 4-62 所示。

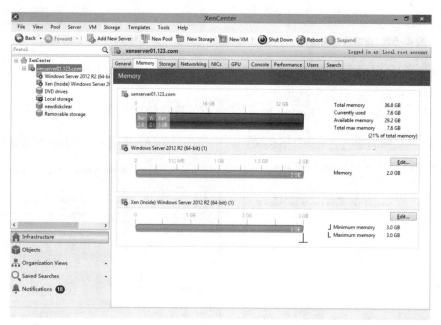

图 4-62　"Memory"选项卡

（2）"Storage"选项卡。单击"Storage"标签，就可以看到 XenServer 存储空间的使用情况，方便管理员进行新虚拟机（VM）的安装配置设计，如图 4-63 所示。

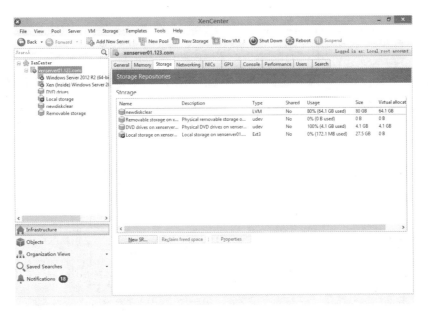

图 4-63　"Storage"选项卡

（3）"Console"选项卡。单击"Console"标签，就可以进入 XenServer 的远程控制台命令行窗口界面，从而对 XenServer 进行远程的配置和更加细化的管理，如图 4-64 所示。

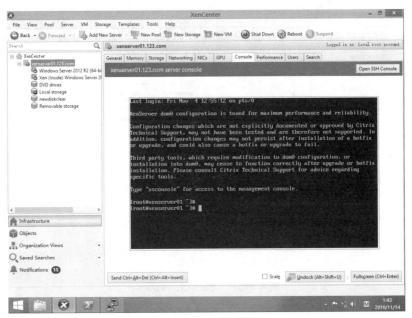

图 4-64　"Console"选项卡

（4）"Performance"选项卡。单击"Performance"标签，就可以看到当前虚拟机（VM）的 CPU 使用率、内存使用情况和网络数据收发情况示意图，可以直观地了解虚拟机（VM）的工作情况，为更细化的调配提供参考，如图 4-65 所示。

（5）"Search"选项卡。单击"Search"标签，就可以看到当前 XenServer 和所有虚拟机（VM）的概况，还可以使用搜索功能，如图 4-66 所示。

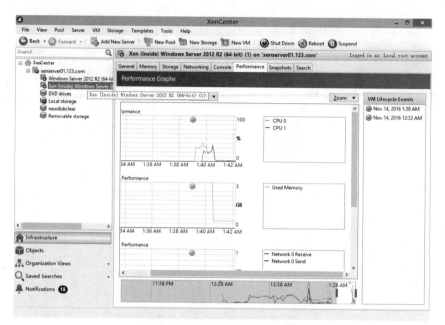

图 4-65　"Performance"选项卡

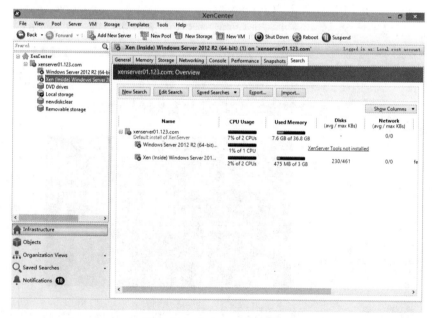

图 4-66　"Search"选项卡

4.7　本章小结

　　本章介绍了 XenServer 的概况，并阐述了 XenServer 和 XenCenter 的安装及配置过程，详细介绍了如何创建基于模板的虚拟机（VM），如何定制其中的选项，以及 XenCenter 的部分监控功能。XenServer 是基于服务器端的虚拟化平台，它的功能全面、性能强大，安装配置方便，通过 XenCenter 可以对数据中心进行轻松直观的管理工作。

习题 4

一、选择题

（1）（多项选择）Citrix XenServer 系列产品有下列哪些组成部分？ _____

（A）XenDesktop   （B）XenApp

（C）XenCenter   （D）XenServer

（2）（单项选择）XenServer 架构的核心是_____。

（A）Xen Hypervisor   （B）XenMotion

（C）Domain0   （D）Linux 操作系统核心

（3）（单项选择）以下哪个虚拟机系统可以独立安装在计算机硬件之上，不需要其他操作系统？ _____

（A）VMware Workstation   （B）Citrix XenServer

（C）Microsoft VPC   （D）VirtualBox

二、简答题

（1）XenServer 在系统架构方面有什么重大特点？

（2）XenServer 安装完成后显示的 XSconsole 有什么功能？

（3）XenCenter 可以实现什么功能？

三、操作题

请参照本章知识点，安装 XenServer 和 XenCenter。

Chapter 5
Microsoft Hyper-V 技术

第 5 章

本章将阐述 Microsoft Windows Server 2012 云操作系统内置的 Microsoft Hyper-V 3.0 虚拟机软件的发展概况、功能特性和系统架构，介绍软件的安装过程，并且展示创建新虚拟机步骤和基本定制功能。

了解 Microsoft Hyper-V 的功能特性及系统架构，掌握安装 Microsoft Hyper-V 服务器角色以及创建、定制虚拟机环境的基本方法与技术。

5.1 Microsoft Hyper-V 概述

Microsoft Hyper-V 虚拟化平台是微软公司继 Microsoft VPC 之后的新一代虚拟机软件，它的设计与 Microsoft VPC 截然不同，是基于云计算的设计理念，功能更加强大。

新的 Microsoft Windows Server 2012 云操作系统发行时，其中便包含了 Microsoft Hyper-V 虚拟化平台功能的免费版本——Windows Hyper-V Server 2012。Hyper-V Server 2012 是 Microsoft Windows Server 2012 中的一个功能组件，可以提供一个基本功能的虚拟化平台，让用户能够实现服务器向云端迁移。

Hyper-V 实际上已经发布了三个版本。其中，Hyper-V 1.0 对应的是 Hyper-V Server 2008，包含在 Windows Server 2008 内；Hyper-V 2.0 对应的是 Hyper-V Server 2008 R2，包含在 Windows Server 2008 R2 内；Hyper-V 3.0 对应的是 Hyper-V Server 2012，包含在 Windows Server 2012 内。

5.2 Hyper-V 功能特性

Hyper-V 具有大规模部署和高性能特性，主机支持高达 320 个逻辑处理器、4 TB 内存、1024 台 VM 虚拟机，其中每台 VM 虚拟机最多支持 64 个虚拟机处理器、1 TB 内存、2 TB（采用 VHD 虚拟硬盘格式）/64 TB（采用 VHDX 虚拟硬盘格式）的虚拟硬盘空间（参见 5.4 节"虚拟硬盘格式"）、4 个 IDE 硬盘、256 个 SCSI 硬盘、12 个网卡以及最多 50 个快照。

Windows Server 2012 很好地支持了虚拟平台的可扩展性和性能，使有限的资源能借助 Hyper-V 更快地运行更多的工作负载，并能够帮助用户卸载特定的软件。通过 Windows Server 2012 可以生成一个高密度、高可扩展的环境，该环境可以根据客户需求适应最优级别的平台。

Hyper-V 可实时迁移虚拟机的任何部分，不论是否需要高可用性都可以选择。云计算的优势，就是在满足客户需求的同时，最大限度地实现灵活性。当虚拟机迁移到云中时，Hyper-V 网络虚拟化保持本身的 IP 地址不变，同时提供与其他组织虚拟机的隔离性，即使虚拟主机使用相同的 IP 地址，Hyper-V 也提供可扩展的交换机，通过该交换机可以实现多租户的安全性和隔离选项、流量模型和网络流量控制，内置防范恶意虚拟机的安全保护机制、服务质量、带宽管理，以提高虚拟环境的整体表现和资源使用量，同时使计费更加详细准确。

5.3 系统架构

在 Hyper-V 之前，Windows 平台常见的操作系统虚拟化技术一般有两种，第一种是 Type2 架构，第二种是 Hybrid 架构。

Hyper-V 没有使用上述两种架构，而是采用了一种全新的架构——Type1 架构，也就是 Hypervisor 架构，如图 5-1 所示。它用 VMM 代替了原来的 HostOS，HostOS 从这个架构中彻底消失了，而将 VMM 直接做在硬件里，所以 Hyper-V 要求 CPU 必须支持虚拟化，这种做法使得虚拟机操作系统访问硬件的性能直线提升。

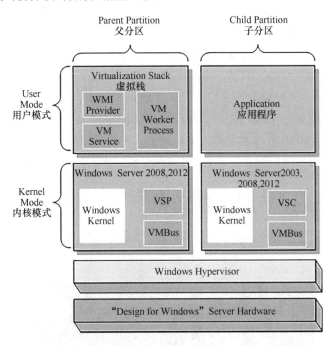

图 5-1　Hyper-V 系统架构

VMM 层在这个架构中就是前面所说的 Hypervisor，它处于硬件和很多虚拟机之间，主要功能是提供很多孤立的执行环境，这些执行环境被称为分区（Partition），每一个分区都被分配了自己独有的一套硬件资源：内存、CPU、I/O 设备，并且包含 GuestOS。也就是说，以 Hyper-V 为基础的虚拟化技术，拥有最强劲的潜在性能。

Hyper-V 的系统架构可以分成底层模块、两种模式和两种分区。

Parent Partition（父分区）作为 Hyper-V 虚拟化程序的一部分，为 Child Partition（子分区）提供服务。子分区安装 Guest Host 主机，对系统资源和硬件的访问都通过父分区提供。

内核模式是 Windows 操作系统内核与虚拟化部件 VSP、VSC 和 VMBus 的协同工作模式。用户模式是基于内核模式的支持而表征于外部的工作模式。

内核模式下的 VSP（虚拟化服务提供者）负责与每个硬件设备直接对话，为每一个需求提供硬件服务和文件系统等服务。VSC（虚拟化服务消费者）是子分区里面的 Client（客户）组件，通过消费 VSP 提供的服务完成实际工作。VMBus（虚拟机总线）是虚拟机用于连接 VSP 和 VSC 的通道，对每一个硬件设备来说，都有一对 VSP/VSC 来完成对这种硬件资源的使用。

用户模式的父分区是由 WMI Provider（Windows 管理规范提供者）、VM Service（虚拟机服务）和 VM Worker Process（虚拟机工作者进程）组成的 Virtualization Stack（虚拟化栈），其功能是为应用程序提供相应的虚拟化服务。

而上述虚拟化功能的基础是 "Design for Windows" 的服务器硬件和 Hyper-V 的核心层 VMM——Windows Hypervisor，它们为虚拟化提供了硬件支持和虚拟化核心支持。

5.4 虚拟硬盘格式

在旧版本的 Hyper-V 2.0 虚拟化平台中，虚拟硬盘格式 VHD 采用的是 512 字节的传统磁盘扇区，最大只能支持 2 TB 的虚拟硬盘空间，也就是说使用 512 字节的传统磁盘扇区，会有 2 TB 的容量限制。虽然后来提升改良的 512e 格式，能够与旧版的 512 字节传统磁盘扇区保持兼容，而且读写效率有所提高，但仍然没有突破 2 TB 的容量限制。

新版本的 Hyper-V 3.0 提供的增强型虚拟硬盘格式 VHDX，支持 Native 4 KB 扇区（原生 4 KB 扇区，意即原生就支持 4 KB 扇区），同时兼容旧版本的 512 字节传统扇区和改良的 512e。增强型虚拟硬盘格式 VHDX 可以为虚拟化提供更强大的性能支持，它的优势是最大支持 64 TB 虚拟硬盘空间。如果虚拟硬盘需要比 2 TB 更大的空间，必须使用 VHDX 虚拟硬盘格式。

5.5 安装 Hyper-V 服务器角色

（1）在 Windows Server 2012 界面单击"开始"按钮，屏幕上出现服务器管理器的图标，如图 5-2 所示。

图 5-2 Windows Server 2012 开始桌面

（2）单击"服务器管理器"图标，打开服务器管理器主窗口，然后在此窗口单击"添加角色和功能"，启动添加角色向导，如图 5-3 所示。

图 5-3　服务器管理器·仪表板

（3）在添加角色向导的"开始之前"界面，请确认以下内容：Administrator 账号密码是否为强密码，网卡是否已经配置静态 IP，Windows Update 是否都已更新完毕，确认没有问题之后，单击"下一步"按钮，如图 5-4 所示。

图 5-4　"开始之前"界面

（4）在"选择安装类型"界面，选中"基于角色或基于功能的安装"单选按钮，然后单击"下一步"按钮，如图 5-5 所示。

（5）在目标"选择服务器"界面，单击需要安装的服务器，然后单击"下一步"按钮，如图 5-6 所示。

（6）在"选择服务器角色"界面，选中需要安装的服务器角色，单击"Hyper-V"，再单击"下一步"按钮，如图 5-7 所示。

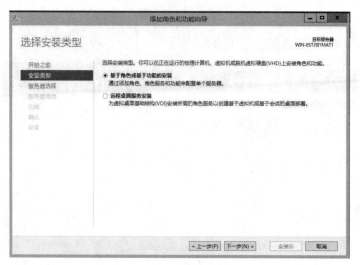

图 5-5 安装类型选择

图 5-6 目标服务器选择

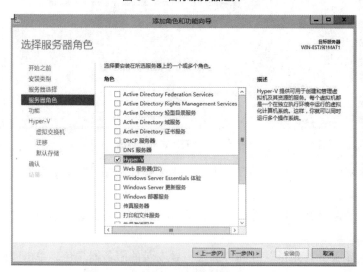

图 5-7 选择服务器角色

（7）在"Hyper-V"简介界面，注意事项的内容是：①告知安装 Hyper-V 角色之前，应确定要在此服务器上使用哪种网络连接来设置虚拟交换机；②在安装 Hyper-V 角色之后，可以使用 Hyper-V 管理器创建和配置虚拟机。单击"下一步"按钮，如图 5-8 所示。

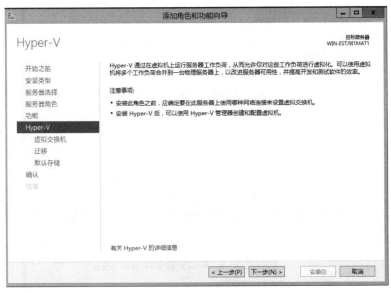

图 5-8　Hyper-V 简介

（8）在"创建虚拟交换机"界面，使用主板集成的网卡，创建第一组虚拟网络，单击"下一步"按钮，如图 5-9 所示。

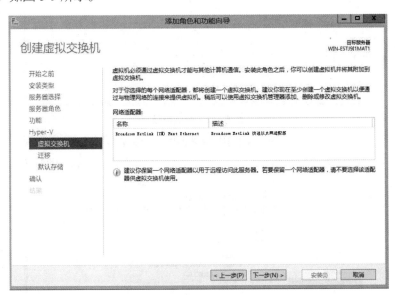

图 5-9　创建虚拟交换机设置

（9）在"虚拟机迁移"界面，使用默认选项，单击"下一步"按钮，如图 5-10 所示。

（10）在"默认存储"界面，使用默认选项，单击"下一步"按钮，如图 5-11 所示。

（11）在"确认安装所选内容"界面，可以查看安装角色是 Hyper-V，单击"安装"按钮，如图 5-12 所示。

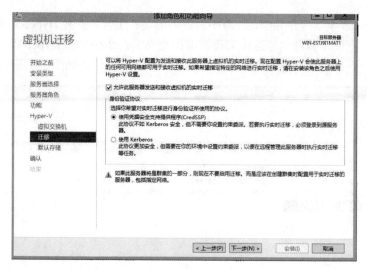

图 5-10　虚拟机迁移设置

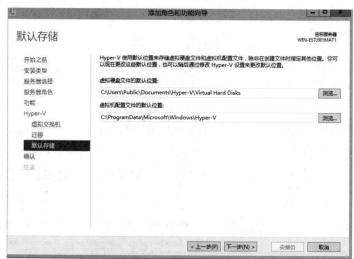

图 5-11　默认存储

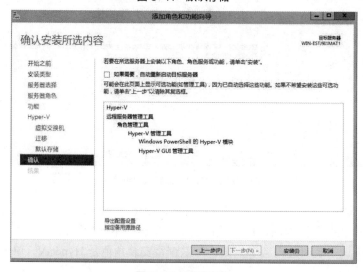

图 5-12　确认安装

（12）在"安装进度"界面，显示了 Hyper-V 服务目前安装的进度，第一阶段安装结束之后需要重启，单击"关闭"按钮，如图 5-13 所示。

图 5-13　安装进度及结果

（13）单击桌面的"开始"按钮，选择重新启动计算机。重启系统后，Hyper-V 会自动继续安装。单击"开始"按钮，再单击"服务器管理器"，在管理器界面，可以看到 Hyper-V 服务已经安装成功，效果如图 5-14 所示。

图 5-14　安装完成

5.6　创建虚拟机

此处以安装 Windows Server 2003 Enterprise R2 系统为例。

（1）首先准备好 Windows Server 2003 Enterprise R2 的光盘镜像文件。

（2）在桌面单击"开始"按钮→"服务器管理器"→"Hyper-V 管理器"，启动 Hyper-V 管理器。在管理器界面，单击右方窗格"新建"选项，进入新建虚拟机向导，如图 5-15 所示。

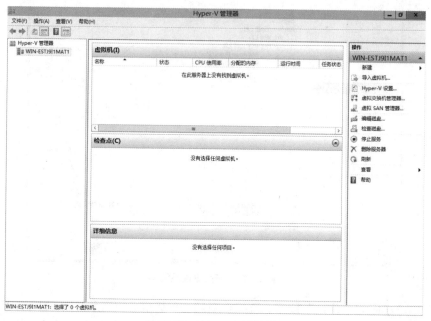

图 5-15　Hyper-V 管理器

（3）在新建虚拟机向导的"开始之前"界面，如果直接单击"完成"按钮，就是以默认值产生虚拟机的相应文件；如果要自定义参数，单击"下一步"按钮，进行自定义设置，如图 5-16 所示。

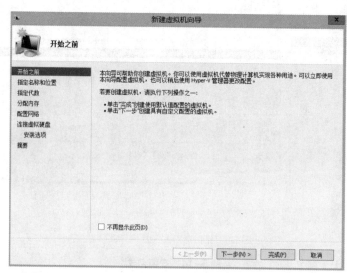

图 5-16　开始之前

（4）在"指定名称和位置"界面，可以指定虚拟机的名称，并且指定存放的位置（其所处的文件夹），单击"下一步"按钮，如图5-17所示。

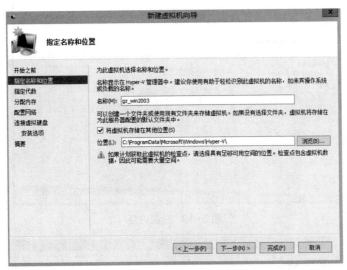

图 5-17　指定名称和位置

（5）在"指定代数"界面，可以指定创建的虚拟机是第一代还是第二代。如果无须与以前的虚拟机保持一致，则选择功能更强大的第二代，单击"下一步"按钮，如图 5-18 所示。

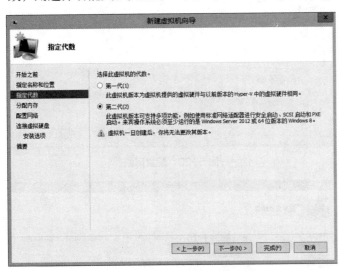

图 5-18　"指定代数"界面

（6）在"分配内存"界面，可以指定 32 MB 到 61404 MB 的内存，但需要考虑物理内存的大小及实际需要，此处可填"512"，单击"下一步"按钮，如图 5-19 所示。

（7）在"配置网络"界面，可以指定连接至哪一组虚拟网络，如果尚未设置专用虚拟网络，可以在"连接"下拉列表框中选择"未连接"选项，创建好虚拟机之后再进行设置即可。单击"下一步"按钮，如图 5-20 所示。

（8）在"连接虚拟硬盘"界面，可以在这里指定存储空间，也可以稍后修改虚拟机属性来配置存储空间，单击"下一步"按钮，如图 5-21 所示。

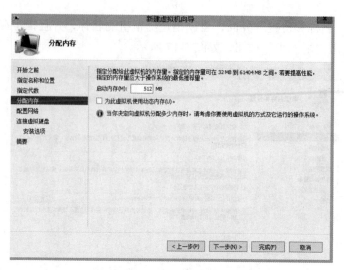

图 5-19　分配内存

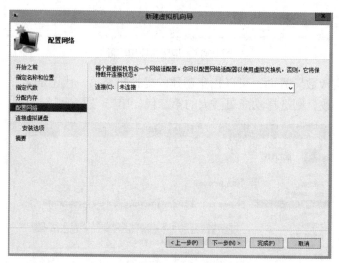

图 5-20　配置网络

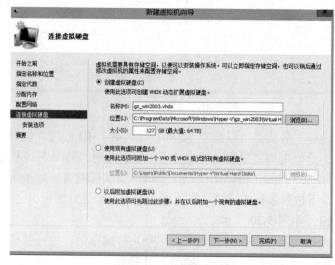

图 5-21　连接虚拟硬盘

（9）在"安装选项"界面，单击"浏览"按钮，选择准备好的光盘镜像文件"windows_server_2003_Enterprise.iso"，单击"下一步"按钮，如图5-22所示。

图5-22　安装选项

（10）在"摘要"界面，展示待创建虚拟机的基本情况，确认要创建虚拟机，单击"完成"按钮，开始安装虚拟机，如图5-23所示。

图5-23　设置摘要描述

（11）安装完成之后，即可看到Windows Server 2003 Enterprise操作系统的登录界面，如图5-24所示。

图5-24　Windows Server 2003登录界面

（12）此时管理器窗口中间的虚拟机栏目出现一个新的虚拟机，名为 **gz_win2003**，即刚刚安装成功的虚拟机，如图 5-25 所示。

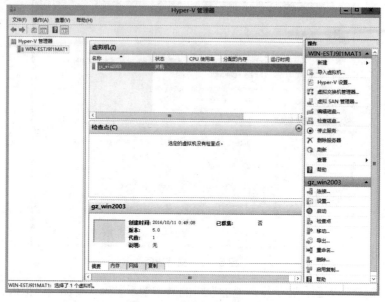

图 5-25　虚拟机安装完成

5.7　本章小结

本章介绍了 Microsoft Hyper-V 的概况、功能特性、系统架构，并阐述了 Microsoft Hyper-V 服务器安装及配置过程，详细说明如何创建基于基本配置需求的虚拟机。

Microsoft Hyper-V 2012 是免费的虚拟机应用软件，它内置于 Microsoft Windows Server 2012 中，功能强大、使用方便。Hyper-V 3.0 是目前 Hyper-V 免费组件的最高版本，借助功能强大的 Windows Server 平台，能满足中小型企业应用需要，是国内很多中小型企业、公司的首选虚拟机平台。

习题 5

一、选择题

（1）（单项选择）Microsoft Hyper-V 发布了_____个版本。

（A）1　　　　　　　　　　　　　　（B）2

（C）3　　　　　　　　　　　　　　（D）4

（2）（单项选择）Microsoft Hyper-V 采用了下列_____系统架构。

（A）Hybrid　　　　　　　　　　　（B）Type1

（C）Type2　　　　　　　　　　　　（D）Type3

（3）（多项选择）下列选项适合描述 Type1 架构的是_____。

（A）服务器的 CPU 必须支持虚拟化

（B）HostOS 是其中重要的组成部分

（C）虚拟机操作系统访问硬件的性能大大提升

（D）Hypervisor 是其中的核心，处于虚拟机和硬件之间

（4）（多项选择）下列说法哪些是不正确的？_____

（A）Hyper-V 的系统架构中有两种模式和两种分区

（B）用户模式中子分区安装 Guest Host 主机，为父分区提供服务

（C）用户模式是基于内核模式的支持而表征于外部的工作模式

（D）内核模式是 Windows 操作系统内核与计算机硬件的协同工作模式，为用户模式提供服务

二、简答题

（1）在 Windows Server 2012 中如何安装 Microsoft Hyper-V？

（2）新的虚拟硬盘格式 VHDX 相比于 VHD 有哪些重大的技术优势？

三、操作题

请参照本章知识点，以安装 Windows Server 2003 Enterprise R2 系统为例，创建虚拟机。

第 6 章
KVM 技术

本章主要介绍 KVM 的架构、基本组成部分和功能、Linux 操作系统和内核，并引入 x86 平台虚拟化的基本模型。在此基础之上，重点阐述了 KVM 的技术架构及组成要素，并对每一个组成要素做了简单介绍，以使读者对 KVM 建立一个初步的技术印象。

了解 KVM 的发展历史、应用前景及基本功能，掌握 KVM 环境构建、硬件系统维护、KVM 服务器安装及虚拟机维护的基本方法与技术。

6.1 KVM 概述

6.1.1 KVM 的历史

KVM 的全称是 Kernel Virtual Machine，是由一个以色列的创业公司 Qumranet 开发的。为了简化开发，KVM 的开发人员并没有选择从底层开始写一个 Hypervisor，而是选择了基于 Linux Kernel，通过加载新的模块从而使 Linux Kernel 本身变成一个 Hypervisor。2006 年 10 月，在先后完成了基本功能、动态迁移以及主要的性能优化之后，Qumranet 正式对外宣布了 KVM 的诞生。同年 10 月，KVM 模块的源代码被正式接纳进入 Linux Kernel。

6.1.2 KVM 功能概览

KVM 是基于虚拟化扩展（Intel VT 或 AMD-V）的 x86 硬件，是 Linux 完全原生的全虚拟化解决方案。部分的准虚拟化支持，主要通过准虚拟网络驱动程序的形式用于 Linux 和 Windows 客户机系统。KVM 目前设计为通过可加载的内核模块，支持广泛的客户机操作系统，比如 Linux、BSD、Solaris、Windows、Haiku、ReactOS 和 AROS Research Operating System 等。

在 KVM 架构中，虚拟机实现为常规的 Linux 进程，由标准 Linux 调度程序进行调度。事实上，每个虚拟 CPU 显示为一个常规的 Linux 线程。这使 KVM 能够享受 Linux 内核的所有功能。

需要注意的是，KVM 本身不执行任何模拟，需要用户空间程序通过/dev/kvm 接口设置一个客户机虚拟服务器的地址空间，向它提供模拟的 I/O，并将它的视频显示映射回宿主的显示屏，这个应用程序就是所谓的 QEMU，QEMU 是一套由法布里斯·贝拉（Fabrice Bellard）所编写的以 GPL 许可证分发源码的模拟处理器程序，图 6-1 显示了 KVM 的基本架构。

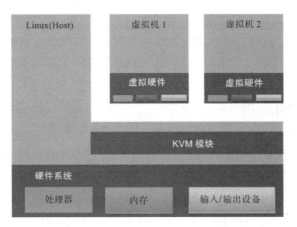

图 6-1　KVM 的基本架构

下面介绍一些 KVM 的功能特性。

1．内存管理

KVM 从 Linux 继承了强大的内存管理功能。一个虚拟机的内存与任何其他 Linux 进程的内存一样进行存储，可以以大页面的形式进行交换来实现更高的性能，也可以以磁盘文件的形式进行共享，NUMA 支持（非统一内存访问，针对多处理器的内存设计）允许虚拟机有效地访问大量内存。

KVM 支持最新的基于硬件的内存虚拟化功能，支持 Intel 的扩展页表（EPT）和 AMD 的嵌套页表（NPT，也叫"快速虚拟化索引-RVI"），以实现更低的 CPU 占用和更高的数据吞吐量。

内存页面共享通过一项名为内核同页合并（Kernel Same-page Merging，KSM）的内核功能来支持。KSM 扫描每个虚拟机的内存，如果虚拟机拥有相同的内存页面，KSM 将这些页面合并到一个在虚拟机之间共享的页面，仅存储一个副本。如果一个客户机尝试更改这个共享页面，它将得到自己的专用副本。

2．存储

KVM 能够使用 Linux 支持的任何存储来存储虚拟机镜像，包括具有 IDE、SCSI 和 SATA 的本地磁盘，网络附加存储（NAS）（包括 NFS 和 SAMBA/CIFS），或者支持 iSCSI 和光纤通道的 SAN，多路径 I/O 可用于改进存储吞吐量和提供冗余。

KVM 还支持全局文件系统（GFS2）等共享文件系统上的虚拟机镜像，允许虚拟机镜像在多个宿主之间共享或使用逻辑卷共享。磁盘镜像支持按需分配，仅在虚拟机需要时分配存储空间，而不是提前分配整个存储空间，可以有效提高存储利用率。KVM 的原生磁盘格式为 QCOW2，它支持快照，允许多级快照、压缩和加密。

3．设备驱动程序

KVM 支持混合虚拟化，其中准虚拟化的驱动程序安装在客户机操作系统中，允许虚拟机使用优化的 I/O 接口而不使用模拟设备，从而为网络和块设备提供高性能的 I/O。KVM 准虚拟化的驱动程序使用 IBM 和 RedHat 联合 Linux 社区开发的 VirtIO 标准，它是一个与虚拟机管理程序独立的、构建设备驱动程序的接口，允许多个虚拟机管理程序使用一组相同的设备驱动程序，能够实现更出色的虚拟机交互性。

4．性能和可伸缩性

KVM 继承了 Linux 的性能和可伸缩性，KVM 虚拟化性能在很多方面（如计算能力、网络带宽等）已经可以达到非虚拟化原生环境 95% 以上的性能。KVM 的扩展性也非常良好，客户机和宿主机都可以支持非常多的 CPU 数量和非常大量的内存。例如，Red Hat 官方文档就介绍过，RHEL 6.x 系统中的一个 KVM 客户机可以支持 160 个虚拟 CPU 和多达 2 TB 的内存，KVM 宿主机支持 4096 个 CPU 和多达 64 TB 的内存。

6.1.3　KVM 的前景

尽管 KVM 是一个相对较新的虚拟机管理程序，但是诞生不久就被 Linux 社区所接纳，成为随 Linux 内核发布的轻量型模块。与 Linux 内核集成，使 KVM 可以直接获益于最新的 Linux 内核开发成果，比如更好的进程调度支持、更广泛的物理硬件平台的驱动、更高的代码质量等。

作为相对较新的虚拟化方案，KVM 一直没有成熟的工具可用于管理 KVM 服务器和客户机，现在随着 Libvirt、Virt-Manager 等工具和 OpenStack 等云计算平台的逐渐完善，KVM 管理工具在易用性方面的劣势已经逐渐被克服。KVM 在虚拟网络支持、虚拟存储支持、增强的安全性、高可用性、容错性、电源管理、HPC/实时支持、虚拟 CPU 可伸缩性、跨供应商兼容性、科技可移植性等方面有着广泛的应用前景。

6.2　KVM 功能模块

KVM 功能模块是 KVM 虚拟机的核心部分。其主要功能是初始化 CPU 硬件，打开虚拟化模式，然后将虚拟客户机运行在虚拟机模式下，并对虚拟客户机的运行提供一定的支持。

为了软件的简洁和性能，KVM 仅支持硬件虚拟化。因此打开并初始化系统硬件以支持虚拟机的运行，是 KVM 模块的主要功能。以 KVM 在 Intel 公司的 CPU 上运行为例，在被内核加载的时候，KVM 模块会先初始化内部的数据结构。做好准备之后，KVM 模块检测系统当前的 CPU，然后打开 CPU 控制寄存器 CR4 中的虚拟化模式开关，并通过执行 VMXON 指令将宿主操作系统（包括 KVM 模块本身）置于虚拟化模式中的根模式。最后，KVM 模块创建特殊设备文件/dev/kvm 并等待来自用户空间的命令。接下来虚拟机的创建和运行将是一个用户空间的应用程序（QEMU）和 KVM 模块相互配合的过程。

KVM 模块与用户空间 QEMU 的通信接口主要是一系列针对特殊设备文件的 IOCTL 调用。

如上所述，KVM 模块加载之初，只存在/dev/kvm 文件，而针对该文件最重要的 IOCTL 调用就是"创建虚拟机"。在这里"创建虚拟机"可以理解为 KVM 为了某个特定的虚拟客户机（用户空间程序创建并初始化）创建对应的内核数据结构。同时，KVM 还会返回一个文件句柄来代表所创建的虚拟机。针对该文件句柄的 IOCTL 调用可以对虚拟机做相应的管理，比如创建用户空间虚拟地址和客户机物理地址及真实内存物理地址的映射关系，再比如创建多个可供运行的虚拟处理器（VCPU）。同样，KVM 模块会为每一个创建出来的虚拟处理器生成对应的文件句柄，对虚拟处理器相应的文件句柄进行相应的 IOCTL 调用，就可以对虚拟处理器进行管理。

针对虚拟处理器最重要的 IOCTL 调用就是"执行虚拟处理器"，通过它，用户空间准备好的虚拟机在 KVM 模块的支持下，被置于虚拟化模式中的非根模式下，开始执行二进制指令。在非根模式下，所有敏感的二进制指令都会被处理器捕捉到，处理器在保存现场之后自动切换到根模式，由 KVM 决定如何进一步处理（要么由 KVM 模块直接处理，要么返回用户空间交由用户空间程序处理）。

除了处理器的虚拟化，内存虚拟化也可以由 KVM 模块实现。实际上，内存虚拟化往往是一个虚拟机实现中代码量最大、实现最复杂的部分（至少，在硬件支持二维地址翻译之前是这样的）。众所周知，处理器中的内存管理单元（MMU）是通过页表的形式将程序运行的虚拟地址转换成为物理内存地址。在虚拟机模式下，内存管理单元的页表则必须在一次查询的时候完成两次地址转换。这是因为，除了要将客户机程序的虚拟地址转换成为客户机物理地址以外，还必须将客户机物理地址转换成为真实物理地址。KVM 使用影子页表技术来解决这个问题：在客户机运行的时候，处理器真正使用的页表并不是客户机操作系统维护的页表，而是 KVM 模块根据这个页表维护的另外一套影子页表。影子页表的机制比较复杂，感兴趣的读者可以自行翻阅相关材料，这里不再展开详述。

影子页表实现复杂，而且有时候开销很大。为了解决这个问题，新的处理器在硬件上做了增强（Intel 的 EPT 技术）。通过引入第二级页表来描述客户机虚拟地址和真实物理地址的转换，硬件可以自动进行两级转换生成正确的内存访问地址。KVM 模块将其称为二维分页机制。

处理器对设备的访问主要是通过 IO 指令和内存映射 I/O（MMIO）实现，其中 IO 指令会被处理器直接截获，MMIO 会通过配置内存虚拟化来捕捉。但是，外设的模拟一般并不由 KVM 模块负责，一般来说，只有对性能要求比较高的虚拟设备才会由 KVM 内核模块来直接负责，比如虚拟中断控制器和虚拟时钟，这样可以大量减少处理器模式切换的开销。大部分的输入/输出设备还是会交给用户态程序 QEMU 来负责。

6.3　QEMU 设备模型

QEMU 本身并不是 KVM 的一部分，其自身就是一个著名的开源虚拟机软件。与 KVM 不同，QEMU 虚拟机是一个纯软件的实现，所以性能低下。但是，其优点是在支持 QEMU 本身编译运行的平台上就可以实现虚拟机的功能，甚至虚拟机可以与宿主机并不是同一个架构。作为一个存在已久的虚拟机，QEMU 的代码中有整套的虚拟机实现，包括处理器虚拟化、内存虚拟化，以及 KVM 使用到的虚拟设备模拟（比如网卡、显卡、存储控制器和硬盘等）。

为了简化开发和代码重用，KVM 在 QEMU 的基础上进行了修改。虚拟机运行期间，QEMU 会通过 KVM 模块提供的系统调用进入内核，由 KVM 模块负责将虚拟机置于处理器的特殊模式运行。遇到虚拟机进行输入/输出操作，KVM 模块会从上次的系统调用出口处返回 QEMU，由 QEMU 来负责解析和模拟这些设备。从 QEMU 角度来看，也可以说 QEMU 使用了 KVM 模块的虚拟化功能，为自己的虚拟机提供硬件虚拟化的加速，从而极大地提高了虚拟机的性能。除此之外，虚拟机的配置和创建，虚拟机运行依赖的虚拟设备，虚拟机运行时的用户操作环境和交互，以及一些针对虚拟机的特殊技术（诸如动态迁移等），都是由 QEMU 自己实现的。

从 QEMU 和 KVM 模块之间的关系可以看出，这是典型的开源社区在代码共用和开发项目共用方面的合作。诚然，QEMU 也可以选择其他的虚拟机或技术来加速，比如 Xen 或者 KQEMU；KVM 也可以选择其他的用户空间程序作为虚拟机实现，只要它按照 KVM 提供的 API 来设计。但是在现实中，QEMU 与 KVM 两者的结合是最成熟的选择，这对一个新开发和后起的项目（KVM）来说，无疑多了一份未来成功的保障。

6.4　构建 KVM 环境

下面将介绍如何通过整套流程与方法来构建 KVM 环境，其中包括硬件系统的配置、宿主机（Host）操作系统的安装、KVM 的安装、客户机（Guest）的安装，直到最后启动属于用户的第一个 KVM 客户机。

6.4.1　硬件系统的配置

KVM 从诞生伊始就需要硬件虚拟化扩展的支持，所以这里需要特别讲解一下硬件系统的配置。

KVM 最初始的开发是基于 x86 和 x86-64 处理器架构上的 Linux 系统进行的，目前，KVM 被移植到多种不同处理器架构之上，包括 Intel 和 HP 的 IA64（安腾）架构、PowerPC 架构、IBM 的 S/390 架构、ARM 架构等。其中，在 x86-64 上的功能支持最完善（主要原因是 Intel/AMD 的 x86-64 架构在桌面和服务器市场上的主导地位及其架构的开放性），这里也采用基于 Intel x86-64 架构的处理器作为基本的硬件环境。

在 x86-64 架构的处理器中，KVM 必需的硬件虚拟化扩展分别为：Intel 的虚拟化技术（Intel VT）和 AMD 的 AMD-V 技术。其中，Intel 在 2005 年 11 月发布的奔腾四处理器（型号：662 和 672）第一次正式支持 VT 技术（Virtualization Technology），2006 年 5 月 AMD 也发布了支持 AMD-V 的处理器。现在比较流行的针对服务器和桌面的 Intel 处理器多数都是支持 VT 技术的，本节着重讲述 IntelVT 技术相关的硬件设置。

1. 查看 CPU 是否支持 KVM

KVM 需要有 CPU 的支持（Intel vmx 或 AMD svm），在安装 KVM 之前需要检查一下 CPU 是否提供虚拟技术支持，可以运行如下命令来检查：

```
[root@localhost ~]# egrep '(vmx|svm)' --color=always /proc/cpuinfo
```

如果输出结果包含 VMX，它是 Intel 处理器虚拟机技术标志；如果包含 SVM，它是 AMD 处理器虚拟机技术标志。如果什么都没有得到，那就说明该系统并没有支持虚拟化的处理，不能使用 KVM，另外 Linux 发行版本必须在 64 bit 环境中才能使用 KVM。

2. BIOS 中开启 Virtual ization Technology

在主板 BIOS 中开启 CPU 的 Virtual ization Technology（VT，虚拟化技术），不同主板所呈现出的菜单也不同，例如华硕主板开启虚拟化界面如图 6-2 所示。

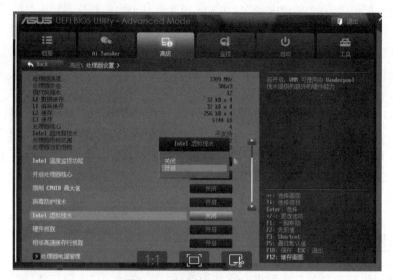

图 6-2　华硕主板开启虚拟化

Intel 主板开启虚拟化界面如图 6-3 所示。

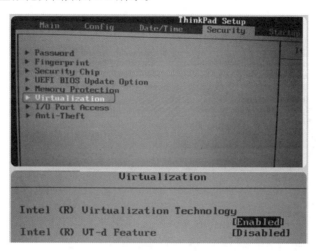

图 6-3　Intel 主板开启虚拟化

6.4.2　安装 KVM 服务器

安装 KVM 虚拟机和安装其他服务器一样，在选择操作系统类型时选择 "Virtual Host" 即可，其他步骤可参考 "AiSchool 平台安装指导" 中操作系统安装部分。如果使用此服务器管理其他 KVM 主机，需要额外安装 Openssh-Askpass 软件包。选择操作系统安装类型界面如图 6-4 所示。

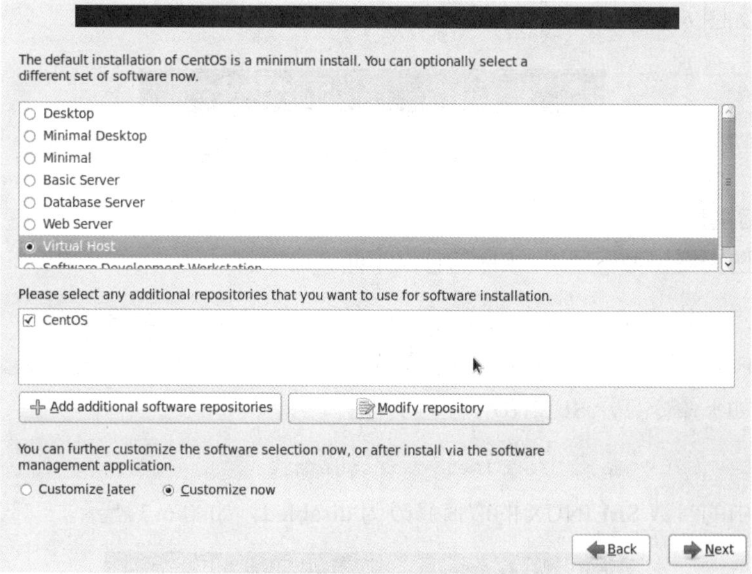

图 6-4　选择操作系统安装类型

如果已安装好 Linux 操作系统，里面有重要资料无法重新安装时可以在已有的系统上安装如下软件包，运行命令：

```
[root@localhost ~]# yum install kvm kmod-kvm qemu kvm-qemu-img virt-viewer virt-manager libvirt libvirt-python python-virtinst openssh-askpass
```

或者如图 6-5 所示，安装需要的组。

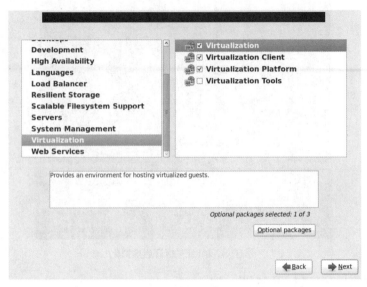

图 6-5　安装组

1．检查 KVM 模块是否安装

运行以下命令：

```
[root@localhost ~]# lsmod |grep kvm
```

运行结果如图 6-6 所示，则表示 KVM 模块已经安装。

图 6-6　KVM 模块安装完成显示命令

2．配置宿主机

（1）关闭防火墙（如不用），顺序运行以下两条命令：

```
[root@localhost ~]# chkconfig iptables off
[root@localhost ~]# service iptables stop_
```

（2）执行如下命令打开 SELINUX 配置文件：

```
[root@localhost ~]# vi /etc/selinux/config
```

将该文件中的参数 SELINUX 的取值修改为 disabled，如图 6-7 所示。

```
#       disabled - No SELinux policy is loaded.
SELINUX=disabled
# SELINUXTYPE= can take one of three two values:
```

图 6-7　修改参数 SELINUX 的值为 disabled

之后保存并退出。

（3）配置 yum 安装，修改系统版本。

依次运行如下命令：

```
[root@localhost ~]# cd /etc/yum.repos.d/
[root@localhost yum.repos.d]# mv CentOS-Base.repo CentOS-Base.repo.bak
[root@localhost yum.repos.d]# vi CentOS-Base.repo
```

修改图 6-8 中的"CentOS_6.5_Final"部分为对应的系统版本。

保存并退出，然后插入光盘，执行如下命令：

```
[root@localhost ~]# ls /media
```

如果出现如图 6-9 所示则表明已自动加载光驱。

图 6-8　修改系统版本

图 6-9　光驱已自动加载

如没有则需手动加载，依次运行如下命令：

```
[root@localhost ~]# mkdir -p /media/CentOS_6.5_Final
[root@localhost ~]# mount /dev/cdrom /media/CentOS_6.5_Final
```

（4）配置桥接。

① 运行如下命令，打开网络桥配置文件，如图 6-10 所示。

```
[root@localhost ~]# vi /etc/sysconfig/network-scripts/ifcfg-br0
```

修改 IP、子网掩码、网关和 DNS 等。

② 运行如下命令，打开网络接口配置文件，如图 6-11 所示。

```
[root@localhost ~]# vi /etc/sysconfig/network-scripts/ifcfg-eth0
```

图 6-10　网络桥配置文件

图 6-11　网络接口配置文件

添加 BRIDGE=br0，只保留以上配置（HWADDR 与 UUID 可根据机器的实际地址填写），多余的可以删除。

③ 运行以下命令重启网络，使配置生效：

```
[root@localhost ~]# service network restart
```

（5）配置主机名。

执行如下命令，打开主机名配置文件：

```
[root@localhost ~]# vi /etc/hosts
```

在该文件空行中添加如下内容，配置本地 IP（192.168.111.76）和主机名（vm76）：

```
192.168.111.76  vm76
```

（6）安装 FTP。

安装命令为：

```
[root@localhost ~]# yum install -y vsftpd
```

（7）重启机器，完成配置。

以上配置完成后，运行如下命令重启机器，完成宿主机配置：

```
[root@localhost ~]# reboot
```

3．Virt-Manager 管理界面

KVM 管理工具为 Virt-Manager，需要图形化管理。服务器类型"Virtual Host"安装后没有图形化界面，安装和管理虚拟机需要在 Windows 计算机上启动远程图形化界面进行管理。在其他 Linux 服务器上（与 KVM 宿主机在同一局域网由网络连通）安装或者在 KVM 宿主机上安装。

依次执行如下命令来安装 Virt-Manager：

```
[root@localhost ~]# yum install virt-manager* -y
[root@localhost ~]# yum install openssh-askpass* -y
```

在 Windows 计算机上管理 KVM 可以使用一个免费的 X server。需要安装两个组件：主程序和字体。

● Xming X server， Xming-6-9-0-31-setup.exe

● Xming Fonts， Xming-fonts-7-3-0-22-setup.exe

官网下载地址：http://www.straightrunning.com

（1）双击 Xming-6-9-0-31-setup.exe，进入安装界面，选择"安装部件"→"创建快速启动图标"→"显示风格"→"启动 Xming 方式"→"额外参数选项"及"完成安装"等，如图 6-12～图 6-17 所示。

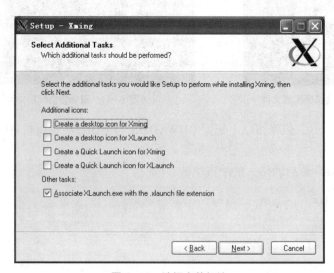

图 6-12　选择安装部件

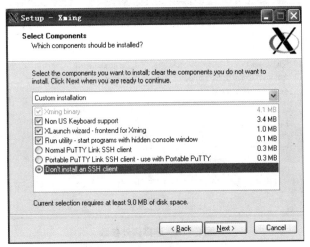

图 6-13　选择创建快速启动图标

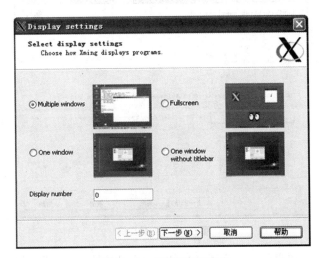

图 6-14　选择显示风格

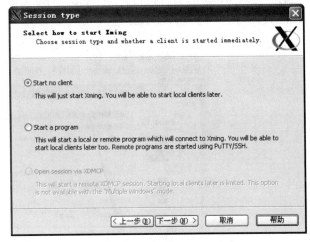

图 6-15　选择启动 Xming 方式

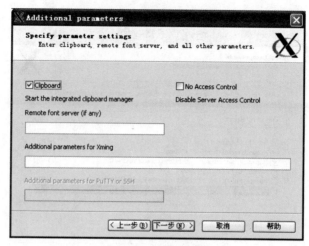

图 6-16　选择额外参数

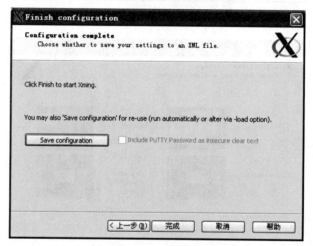

图 6-17　安装完成

（2）安装完成后，在桌面上出现了"Xming"启动快捷方式，如图 6-18 所示。
双击启动快捷方式图标，进入 Windows 计算机启动远程图形化界面进行管理，具体操作如下：
（1）首先进入 CRT 配置，勾选"转发 X11 数据包"，如图 6-19 所示。

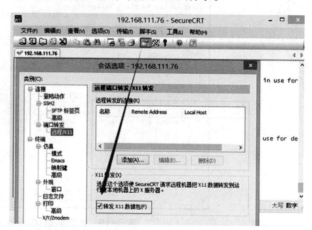

图 6-18　"Xming"启动快捷方式

图 6-19　CRT 配置

（2）CRT 退出，再次登录，使配置生效。

在 CRT 上执行如下命令：

```
[root@localhost ~]# xhost +
```

结果显示：

```
access control disabled, clients can connect from any host
```

运行命令：[root@localhost ~]# virt-manager，进入 Virt-Manager 主界面，如图 6-20 所示。

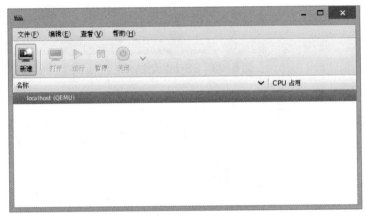

图 6-20　Virt-Manager 主界面

（3）单击"文件"→"Add Connection"，添加控制台连接，如图 6-21 所示。

（4）单击"localhost"，进入"登录方法、用户名和主机名输入"界面，如图 6-22 所示。管理程序（Hypervisor）默认为 QEMU/KVM，勾选"Connect to remote host"复选框，主机名：输入 KVM 宿主机 IP 地址。若需要启动 Virt-Manager 自动连接 KVM 宿主机，勾选"Autoconnect"复选框，如果不需要自动连接则不需要勾选，单击"连接"按钮，进入连接控制台界面。

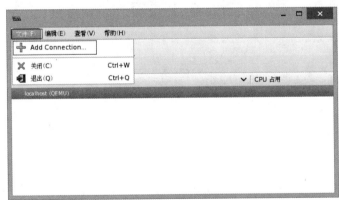

图 6-21　添加控制台连接

图 6-22　输入 Method、用户名和主机名

（5）输入"yes"，单击"OK"按钮，如图 6-23 所示。

（6）输入宿主机密码，单击"OK"按钮，如图 6-24 所示。

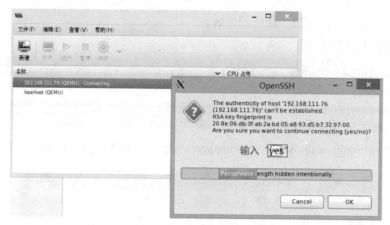

图 6-23　SSH 连接控制台

图 6-24　输入宿主机密码

（7）控制台连接成功，如图 6-25 所示。

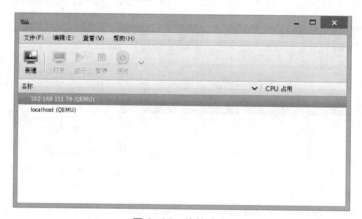

图 6-25　连接成功

4. 宿主机 KVM 配置

（1）宿主机介绍。

① 在 Virt-Manager 界面选择宿主机 IP 地址，右键单击选择 "Details"，如图 6-26 所示。

② 在 "Connection Details" 窗口单击 "概况" 选项卡，可以查看当前主机 CPU 和内存使用情况，如图 6-27 所示。

图 6-26 查看详情

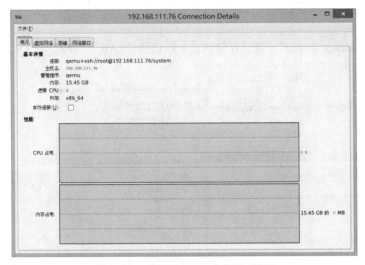

图 6-27 查看 CPU 和内存使用情况

③ 在 "Connection Details" 窗口单击 "虚拟网络" 选项卡, 可以查看当前主机虚拟网络配置、虚拟机 NAT 模式下网络 DHCP 网络段和起止 IP, 如图 6-28 所示。

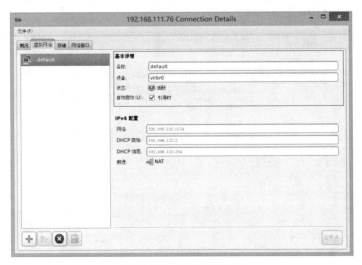

图 6-28 查看虚拟网络

（2）虚拟机存储器配置。

① 修改虚拟机磁盘的默认格式。在 Virt-Manager 界面选择"编辑"→"首选项"，查看首选项，如图 6-29 所示。

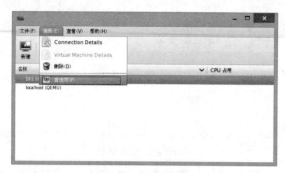

图 6-29　查看首选项

② "Default storage format"（默认存储格式）默认是"RAW"，修改为"QCOW2"，如图 6-30 所示。

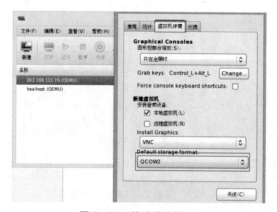

图 6-30　修改磁盘格式

③ 添加网络存储器。在 Virt-Manager 界面选择"存储"选项卡，可以看到只有"default"本地存储器，如图 6-31 所示。

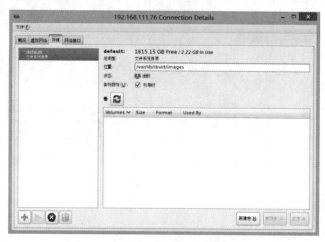

图 6-31　查看存储文件路径

④ 在图 6-31 所示界面，单击左下角"+"按钮，进入"添加存储池"对话框，添加存储器名称、选择要添加存储器的类型，然后单击"前进"按钮。这里添加本地磁盘路径（首先到宿主机创建 iso 目录：mkdir -p /opt/iso），存储 ISO 镜像文件，如图 6-32 所示。

图 6-32　添加存储池

⑤ 在"目标路径"文本框输入挂载的目录路径"/opt/iso"，如图 6-33 所示。单击"完成"按钮，可以看到刚添加的存储器，如图 6-34 所示。

图 6-33　输入挂载目录路径

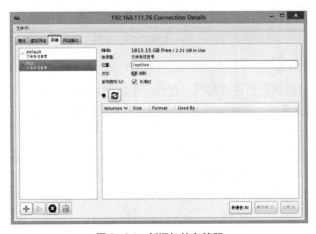

图 6-34　新添加的存储器

⑥ 上传 CentOS6.5 至/opt/iso 目录，如图 6-35 所示。单击"Volumes"后面的刷新按钮，可以看到刚才上传的 ISO 文件，如图 6-36 所示。

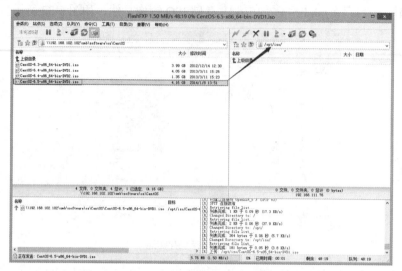

图 6-35　FlashFXP 上传镜像

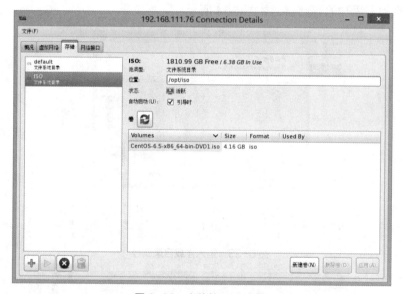

图 6-36　上传的 ISO 文件

5. KVM 虚拟机创建

（1）单击左上角"新建"创建虚拟机，打开"生成新虚拟机 5 的步骤 1"窗口，在"名称"文本框输入新建虚拟机名称，选择安装操作系统方式："本地安装介质"，单击"前进"按钮，如图 6-37 所示。

（2）选择使用 ISO 映像。使用已上传到/opt/iso 目录下的 ISO 镜像文件，在"生成新虚拟机 5 的步骤 2"窗口选择"使用 ISO 映像"，单击"浏览"按钮，进入"ISO"窗口。单击"Storage Pools"→"ISO"，选择"CentOS-6.5-x86_64-bin-DVD1.iso"镜像，单击"选择卷"按钮，如图 6-38 所示。

图 6-37　生成新虚拟机

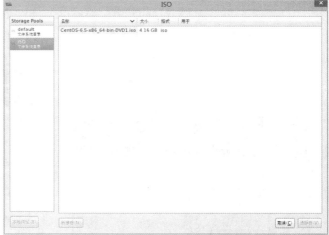

图 6-38　在存储池选择 ISO 镜像

在"生成新虚拟机 5 的步骤 2"窗口选择"使用 ISO 映像",并选择操作系统的类型和操作系统的版本信息,单击"前进"按钮,如图 6-39 所示。

（3）调整内存大小和虚拟 CPU 数量。在"生成新虚拟机 5 的步骤 3"窗口,根据虚拟机上服务对实际内存和 CPU 资源的消耗进行合理分配（需要注意,所有虚拟机的总资源不能大于物理资源）,单击"前进"按钮,如图 6-40 所示。

图 6-39　生成新虚拟机选择操作系统类型及版本

图 6-40　配置内存与 CPU

（4）为虚拟机启用存储。在"生成新虚拟机 5 的步骤 4"窗口选择"在计算机硬盘中创建磁盘映像",根据实际需要选择虚拟硬盘大小,然后勾选"立即分配整个磁盘"复选框（如勾选"选择管理的或者其他现有存储",可以在特定的分区先创建映像文件,然后再选择）,单击"前进"按钮,如图 6-41 所示。

（5）选择网络配置。在"生成新虚拟机 5 的步骤 5"窗口,在宿主机网络已配置 bridge 的前提下,网络默认选择 br0,单击"完成"按钮,如图 6-42 所示。

（6）修改虚拟机的 UTC 时间配置,以保证虚拟机重启时与物理宿主机时间同步。KVM 虚拟机采用 UTC 时间,需要先修改配置文件使 KVM 虚拟机的时间与虚拟主机同步。运行如下命令打开配置文件:

```
[root@localhost ~]# virsh edit aischool_wy_77
```

把配置文件中的<clock offset='utc'/>修改为<clock offset='localtime'/>。

图 6-41　为虚拟机启用存储

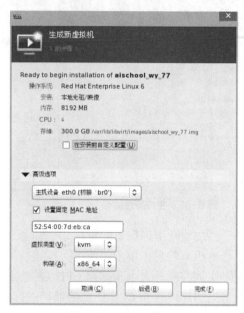

图 6-42　选择网络配置

　　至此，整个虚拟机配置过程完成。下面是安装操作系统的工作，和平时安装 Linux 系统一样，这里不再详述，安装界面如图 6-43 所示。

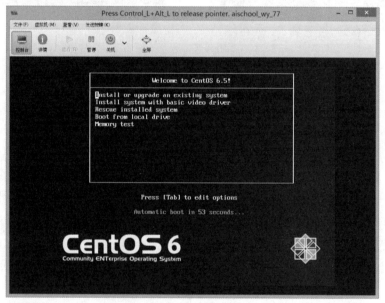

图 6-43　安装系统界面

6.4.3　虚拟机维护

1．图形界面

右键单击"虚拟机"可以看到其操作界面，如图 6-44 所示。

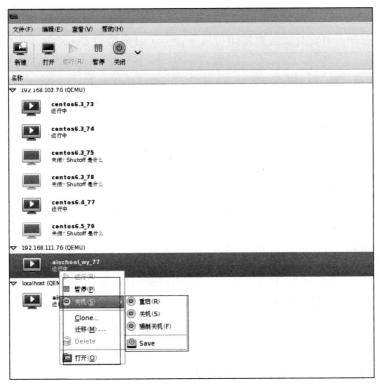

图6-44　虚拟机操作界面

选择右键菜单中的"打开"选项，可以维护虚拟机的各项配置，如图6-45所示。

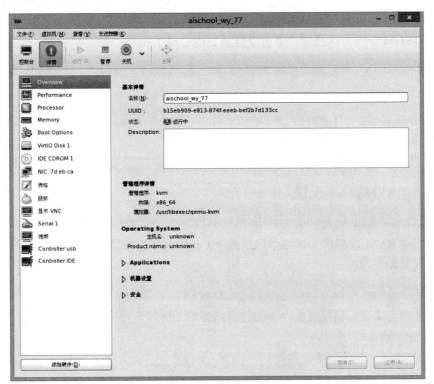

图6-45　虚拟机维护配置界面

2．基本维护命令

Virsh 命令管理，可交互式或直接运行以下命令（以虚拟机 CentOS6.5 为例，以下命令均在宿主机运行）。

（1）列出正运行的虚拟机：

```
[root@localhost ~]# virsh list
```

（2）启动一个虚拟机：

```
[root@localhost ~]# virsh start CentOS6.5
```

（3）在启动宿主机器时开始[不开始]一个虚拟机：

```
[root@localhost ~]# virsh autostart [--disable] CentOS6.5
```

（4）重启一个虚拟机：

```
[root@localhost ~]# virsh reboot CentOS6.5
```

（5）虚拟机的状态可被保存到一个文件中以方便稍后恢复。如下命令会将虚拟机的状态保存到一个以日期命名的文件中：

```
[root@localhost ~]# virsh save CentOS6.5 centos65-20170625.state
```

一旦保存，虚拟机将不再运行。

（6）一个经保存后的虚拟机可以用如下命令唤醒：

```
[root@localhost ~]# virsh restore centos65-20170625.state
```

（7）关闭一个虚拟机：

```
[root@localhost ~]# virsh shutdown CentOS6.5
```

（8）CDROM 设备可以通过如下命令挂载到虚拟机上：

```
[root@localhost ~]# virsh attach-disk CentOS6.5 /dev/cdrom /media/cdrom
```

（9）强制关闭电源：

```
[root@localhost ~]# virsh destroy CentOS6.5
```

（10）通过配置文件启动虚拟机：

```
[root@localhost ~]# virsh create /etc/libvirt/qemu/ CentOS6.5.xml
```

（11）导出 KVM 虚拟机配置文件：

```
[root@localhost ~]# virsh dumpxml CentOS6.5 > /etc/libvirt/qemu/ CentOS6.5.xml.bak
```

（12）删除 KVM 虚拟机（该命令只是删除 CentOS6.5 的配置文件，并不删除虚拟磁盘文件），需要先关闭虚拟机：

```
[root@localhost ~]# virsh undefine CentOS6.5
```

（13）重新定义虚拟机配置文件（通过导出备份的配置文件恢复原 KVM 虚拟机的定义，并重新定义虚拟机）：

```
[root@localhost ~]# mv /etc/libvirt/qemu/ CentOS6.5.xml.bak /etc/libvirt/qemu/
CentOS6.5.xml
[root@localhost ~]# virsh define /etc/libvirt/qemu/ CentOS6.5.xml
```

（14）编辑 KVM 虚拟机配置文件：

```
[root@localhost ~]# virsh edit CentOS6.5
```

（15）挂起服务器：

```
[root@localhost ~]# virsh suspend CentOS6.5
```

（16）恢复服务器：

```
[root@localhost ~]# virsh resume CentOS6.5
```

（17）查看虚拟机使用 Host 上的 CPU：

```
[root@localhost ~]# virsh vcpuinfo CentOS6.5
```

（18）查看虚拟机网卡列表：

```
[root@localhost ~]# virsh domiflist CentOS6.5
```

（19）查看虚拟机网卡统计信息：

```
[root@localhost ~]# virsh domifstat CentOS6.5 vnet4
```

（20）查看虚拟机磁盘列表：

```
[root@localhost ~]# virsh domblklist CentOS6.5
```

（21）查看虚拟机磁盘统计信息：

```
[root@localhost ~]# virsh domblkstat CentOS6.5 vnet4
```

（22）查看虚拟机快照列表：

```
[root@localhost ~]# virsh snapshot-list CentOS6.5
```

（23）创建快照（先关闭虚拟机，然后再创建快照）：

```
[root@localhost ~]# virsh shutdown CentOS6.5
[root@localhost ~]# virsh snapshot-create-as CentOS6.5 kuaizhao65
```

（24）查看快照配置：

```
[root@localhost ~]# virsh snapshot-current CentOS6.5
```

（25）恢复快照（先关闭虚拟机，然后再恢复快照）：

```
[root@localhost ~]# virsh shutdown CentOS6.5
[root@localhost ~]# virsh snapshot-revert CentOS6.5 kuaizhao65
```

（26）删除快照：

```
[root@localhost ~]# virsh snapshot-delete CentOS6.5 kuaizhao65_1
```

（27）查看虚拟机 ID：

```
[root@localhost ~]# virsh domid CentOS6.5
```

（28）查看虚拟机 UUID：

```
[root@localhost ~]# virsh domuuid CentOS6.5
```

（29）查看虚拟机名称，通过 ID 或 UUID：

```
[root@localhost ~]# virsh domname 25
```

（30）查看虚拟机状态：

```
[root@localhost ~]# virsh domstate 虚拟机名称或者 ID，或者 UUID
```

（31）查看虚拟机信息：

```
[root@localhost ~]# virsh dominfo CentOS6.5
```

（32）查看 VNC 端口号，通过虚拟机名称或者 ID，或者 UUID：

```
[root@localhost ~]# virsh vncdisplay CentOS6.5
```

（33）为虚拟机设定内存上限，需先关闭虚拟机：

```
[root@localhost ~]# virsh setmaxmem CentOS6.5 5 G
```

（34）为虚拟机设定内存，需先开启虚拟机：

```
[root@localhost ~]# virsh setmem CentOS6.5 5 G
```

（35）创建基于文件夹（目录）的存储池，定义存储池 opt：

```
[root@localhost ~]# virsh pool-define-as opt --type dir --target /opt
```

或者

```
[root@localhost ~]# virsh pool-create-as --name opt --type dir --target /opt
```

（36）创建基于文件系统的存储池：

```
[root@localhost ~]# virsh pool-define-as vmware_pool --type fs --source-dev
/dev/vg_target/LogVol02 --source-format ext4 --target /virhost/vmware
```

或者

```
[root@localhost ~]# virsh pool-create-as --name vmware_pool --type fs --source-dev
/dev/vg_target/LogVol02 --source-format ext4 --target /virhost/vmware
```

（37）查看存储池信息：

```
[root@localhost ~]# virsh pool-info opt
```

（38）启动存储池：

```
[root@localhost ~]# virsh pool-start opt
```

（39）查看存储池列表：

```
[root@localhost ~]# virsh pool-list
```

（40）销毁存储池：

```
[root@localhost ~]# virsh pool-destroy opt
```

（41）取消存储池的定义：

```
[root@localhost ~]# virsh pool-undefine opt
```

（42）创建了存储池后，就可以创建一个卷，这个卷用来做虚拟机的硬盘：

```
[root@localhost ~]# virsh vol-create-as --pool default --name CentOs6.5.img
--capacity 10 G --allocation 1 G --format qcow2
```

创建卷 CentOs6.5.img，所在存储池为 default，容量为 10 GB，初始分配为 1 GB，文件格式类型为 qcow2。

（43）查看卷：

```
[root@localhost ~]# virsh vol-info /var/lib/libvirt/images/ CentOS6.5.img
```

（44）在存储卷上安装虚拟主机：

```
[root@localhost ~]# virt-install --connect qemu:///system \-n CentOS6.5 \-r 512
\-f/var/lib/libvirt/images/    CentOS6.5.img    \--vnc    \--os-type=linux
\--os-variant=rhel6    \--vcpus=1    \--network    bridge=br0    \-c
/home/CentOS-6.5-x86_64-bin-DVD1.iso
```

3．克隆虚拟机

（1）通过 KVM 主机、本机的虚拟机直接克隆：

```
[root@localhost ~]# virsh list --all
[root@localhost ~]# virsh shutdown CentOS6.5_78
[root@localhost ~]# virsh list --all
[root@localhost ~]# virt-clone -o CentOS6.5_78 -n CentOS6.5_75 -f /var/lib/
libvirt/images/ CentOS6.5_75.img
[root@localhost ~]# virsh start CentOS6.5_75
```

到虚拟机上修改相应配置（从/etc/libvirt/qemu/ CentOS6.5_75.xml 文件中获取新的 MAC 地址）

① 修改 IP、主机名：

```
[root@localhost ~]# vi /etc/hosts
```

② 修改主机名：

```
[root@localhost ~]# vi /etc/sysconfig/network
```

③ 修改 IP、MAC 地址：

```
[root@localhost ~]# vi /etc/sysconfig/network-scripts/ifcfg-eth0
```

④ 修改网卡、MAC 地址：

```
[root@localhost ~]# vi /etc/udev/rules.d/70-persistent-net.rules
[root@localhost ~]# service network restart
```

可以将克隆的虚拟机"启动宿主机器时开始启动"的属性克隆过来，运行以下命令：

```
[root@localhost ~]# virsh autostart CentOS6.5_75
```

（2）通过复制配置文件与磁盘文件的虚拟机复制克隆（适用于异机的静态迁移）。

```
[root@localhost ~]# virsh list --all
```

```
[root@localhost ~]# virsh shutdown CentOS6.5_78
[root@localhost ~]# virsh list --all
[root@localhost ~]# virsh dumpxml CentOS6.5_78 > /etc/libvirt/qemu/
CentOS6.5_74.xml
[root@localhost ~]# cp /var/lib/libvirt/images/ CentOS6.5_78.img /var/lib/
libvirt/images/ CentOS6.5_74.img
```

直接编辑修改配置文件，修改 Name、UUID、Disk、MAC 地址等（此时还是将该配置文件注册进来，无法通过 Virsh edit 进行编辑）：

```
[root@localhost ~]# vi /etc/libvirt/qemu/ CentOS6.5_74.xml
[root@localhost ~]# virsh define /etc/libvirt/qemu/ CentOS6.5_74.xml
[root@localhost ~]# virsh start CentOS6.5_74
```

到虚拟机上修改相应配置（从/etc/libvirt/qemu/ CentOS6.5_74.xml 文件中获取新的 MAC 地址）。

① 修改 IP、主机名映射关系文件：

```
[root@localhost ~]# vi /etc/hosts
```

② 修改主机名：

```
[root@localhost ~]# vi /etc/sysconfig/network
```

③ 修改 IP、MAC 地址：

```
[root@localhost ~]# vi /etc/sysconfig/network-scripts/ifcfg-eth0
```

④ 修改网卡、MAC 地址：

```
[root@localhost ~]# vi /etc/udev/rules.d/70-persistent-net.rules
[root@localhost ~]# service network restart
```

可以将克隆的虚拟机"启动宿主机器时开始启动"的属性克隆过来，运行以下命令：

```
[root@localhost ~]# vi virsh autostart CentOS6.5_74
```

（3）以上为命令方式，也可以借助 Virt-Manager 工具使用图形化界面克隆虚拟机。

克隆虚拟机的步骤如下。

① 右键单击"虚拟机"，选择"关机"关闭需要克隆的虚拟机。

② 右键单击"虚拟机"，选择"clone"，单击"克隆"按钮。

③ 克隆完成后，右键单击克隆出来的虚拟机，选择"运行"。

再到虚拟机上修改相应配置（从/etc/libvirt/qemu/ CentOS6.5_75.xml 文件中获取新的 MAC 地址）。

① 修改 IP、主机名映射关系文件：

```
[root@localhost ~]# vi /etc/hosts
```

② 修改本机主机名：

```
[root@localhost ~]# vi /etc/sysconfig/network
```

③ 修改 IP、MAC 地址：

```
[root@localhost ~]# vi /etc/sysconfig/network-script/ifcfg-eth0
```

④ 修改网卡、MAC 地址：

```
[root@localhost ~]# vi /etc/udev/rules.d/70-persistent-net.rules
[root@localhost ~]# service network restart
```

可以将虚拟机"启动宿主机器时开始启动"的属性克隆过来，运行以下命令：

```
[root@localhost ~]# virsh autostart CentOS6.5_75）
```

4．修改虚拟机磁盘的格式

RAW 格式不具备快照功能，如果需要快照功能，需要将 RAW 格式的镜像文件转换为 qcow2 格式：

```
[root@localhost ~]# qemu-img convert -f raw -O qcow2 CentOS6.5.img
CentOS6.5_q.img
[root@localhost ~]# virsh edit CentOS6.5
```

修改以下两行的对应信息：

```
<driver name='qemu' type='qcow2' cache='writeback'/>
<source file='/var/lib/libvirt/images/ CentOS6.5_q.img'/>
[root@localhost ~]# virsh start CentOS6.5
```

5．备份虚拟机

① 备份/etc/libvirt/qemu 目录下对应的 xml 配置文件：

```
[root@localhost ~]# cd /etc/libvirt/qemu
```

② 备份/var/lib/libvirt/images 目录下对应的映像文件：

```
[root@localhost ~]# cd /var/lib/libvirt/images
```

6.5　本章小结

本章阐述了 KVM 的发展历史、应用前景及基本功能，介绍了 KVM 的功能模块及构建 KVM 环境的基本方法，包括 KVM 硬件系统的配置、安装 KVM 服务器的方法以及虚拟机的维护，给出了虚拟机维护的基本命令集。

随着虚拟化技术的发展，如今的虚拟化技术已经走向了企业关键业务领域。RedHat 推出了基于 KVM 内核虚拟机技术的虚拟化系列方案，旨在将虚拟化技术应用于企业部署、异构平台管理和云计算架构。

习题 6

一、选择题

（1）（多项选择）系统管理员要在服务器上安装 KVM 服务的前提条件是_____。

（A）检查 CPU 是否支持虚拟技术

（B）BIOS 中开启 Virtual ization Technology 支持

（C）Linux 版本为 64 位

（D）Linux 版本为 32 位

（2）（多项选择）下列命令属于 KVM 操作命名的是_____。

（A）Virsh list

（B）Virsh list –all

（C）Virsh start vm01 （vm01 是已经创建的虚拟机名称）

（D）Virsh stop vm01 （vm01 是已经创建的虚拟机名称）

（3）（多项选择）下列哪些是使用 KVM 创建新的虚拟机的方式？_____

（A）Local install media （ISO image or CDROM）

（B）Network install （HTTP，FTP，or NFS）

（C）Network Boot （PXE）

（D）Import existing disk image

（4）（单项选择）在 CentOS 7 中，查看防火墙服务运行状态的命令是_____。

（A）systemctl start firewalld.service

（B）systemctl stop firewalld.service

（C）systemctl restart firewalld.service

（D）systemctl status firewalld.service

（5）（单项选择）glance 的基本操作围绕 image 进行，从远程 URL 上传 image 的命令为_____。

（A）#glance image-create--name="Image name" --is-public=True --disk-format=qcow2--container-format=bare --file /home/...

（B）#glance image-create--name="Image name" --is-public=True --disk-format=qcow2--container-format=bare < /home/...

（C）#glance image-create --name="SP2-64" --is-public=True --disk-format=qcow2 --container-format=bare --copy-from http://...

（D）#glance image-show <image-id>

（6）（单项选择）重启 NTP 服务的命令为_____。

（A）/etc/init.d/ntpd restart　　　　（B）/etc/init.d/ntp restart

（C）/usr/init.d/ntpd restart　　　　（D）/usr/init.d/ntp restart

（7）（单项选择）在 KVM 创建虚拟机的过程中客户端可以通过_____进入图形化界面安装。

（A）VNC-viewer　　　　（B）KVM-viewer

（C）VNC-view　　　　（D）KVM-view

（8）（单项选择）在 Linux KVM 中可以通过_____来管理客户机。

（A）virt-manager　　　　（B）vrit-manger

（C）virtual shell　　　　（D）vmanager

（9）（单项选择）以下哪条命令可以查看网桥？ ＿＿＿＿＿＿＿＿

（A）network show　　　　　　　　（B）network show –all

（C）brctl show　　　　　　　　　　（D）brctl show –all

二、操作题

（1）基于 CentOS6 安装 KVM 服务。

（2）创建虚拟机 VM01。

（3）虚拟机 VM01 开放 22 端口，并允许远程连接。

（4）通过 Bash 命令，添加与删除 KVM 虚拟机（需重新定义虚拟机配置文件）。

（5）KVM 虚拟化 Windows 操作系统鼠标有点不灵活，请解决 KVM 虚拟机鼠标同步问题。

（6）通过命令行，完成虚拟机静态迁移。

Chapter 7

第 7 章
Docker 容器化技术

本章将阐述 Docker 容器化技术的发展概况，介绍 Docker 的技术及其使用方法，展示 Docker 在 Web 快速部署过程中的应用。

了解 Docker 的功能特性及系统架构，掌握 Docker 的使用技术，包括 Docker 的安装与卸载、Docker 镜像与容器以及 Docker Hub 的应用技术等。

7.1 Docker 概述

7.1.1 Docker 的概念

Docker 是由 Docker Inc.公司于 2013 年推出的构建在 LXC（Linux Container，Linux 容器）技术上的应用容器引擎，是一个基于 Go 语言实现并遵从 Apache 2.0 协议的开源项目。Docker 重新定义了应用程序的开发、测试、交付和部署过程，提出了"构建一次，到处运行（Build once，Run anywhere）"的理念。Docker 项目的目标主要是实现轻量级的操作系统虚拟化解决方案。Docker 自开源后，一直深受广大开发者的关注。利用 Docker 可以很方便地打包用户的应用，以及将每个应用所依赖的包移植到容器中，并快速部署到主流的 Linux 服务器上。当前 Docker 得到了众多大型企业的支持与使用，例如 Google 将 Docker 应用到了它的 PaaS 平台上，而微软则与 Docker 公司合作在其 Azure 产品上给 Docker 提供支持。公有云提供商亚马逊也推出了 AWS EC2 Container，来提供对 Docker 的支持。

7.1.2 Docker 与虚拟化

1. 虚拟化技术的发展阶段

虚拟化通常情况下分为硬件级虚拟化和操作系统级虚拟化。硬件级虚拟化是指直接将硬件的资源虚拟化，硬件级虚拟化的管理软件就是我们通常所说的 Hypervisor。而操作系统级的虚拟化则是在操作系统上运行虚拟化技术，将多个不同的运行进程封装在一个容器里，因此也叫作容器化技术，Docker 就属于这种虚拟化技术。

2. 操作系统级虚拟化技术的发展

操作系统级的虚拟化技术发展了很多年，最早的为 Chroot，是一个系统调用。通过这个系统调用可以改变运行进程的工作目录，并限制只能在这个目录工作，从而实现了系统层的隔离。2000 年出现的 FreeBSD Jail 是一个功能完整的操作系统级虚拟化技术。2005 年推出的 OpenVZ

是 Linux 平台上的容器化技术实现。2008 年 LXC 发布，这是 Docker 最初使用的具体内核功能实现。2013 年，Docker 正式发布，本身除了使用 LXC 外还封装了其他一些功能。

3. Linux 容器技术

Linux 容器是一种内核虚拟化技术，提供了轻量级的虚拟化来隔离进程和资源，而不需要去虚拟整个操作系统。容器技术将单个操作系统管理的资源划分到一个个孤立的组中，从而避免了资源使用需求导致的冲突。相比于其他虚拟化技术，容器技术的轻量级隔离方法不仅系统资源损耗小，避免了准虚拟化和系统调用替换中的复杂性，而且在隔离的同时又能提供共享机制以实现容器之间、容器与宿主机之间的资源共享。因此，容器技术在部署时间、启动速度、执行性能、磁盘空间要求上比完整操作系统虚拟化的方法（如 OpenStack）都更具有优势。

4. Docker 虚拟化技术

Docker 是通过命名空间（Namespace）和资源配置项（Cgroups）等内核虚拟化技术来实现容器的资源隔离与安全保障。由于 Docker 属于操作系统级的虚拟化技术，所以它在运行时，不需要类似虚拟机 VM 额外的操作系统开销，从而提高资源利用率。图 7-1 给出了 Docker 和 VM 的不同之处，从中可以看出 Docker 容器技术是在操作系统层面上实现虚拟化，而虚拟机技术则是在硬件层面实现虚拟化。虚拟机包含了应用程序及其所需要的包和类库，以及一个完整的操作系统，这大约需要 10 GB 的资源占用。

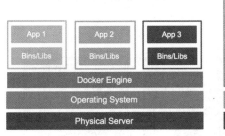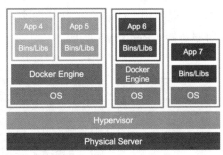

图 7-1 Docker 与虚拟主机实现方式对比

7.2 Docker 技术

Docker 是一个操作系统级虚拟化技术，这和传统的整个操作系统的虚拟 VM 不一样。下面将从 Docker 引擎、Docker 架构等多个方面阐述 Docker 技术。

7.2.1 Docker Engine（Docker 引擎）

Docker 引擎是一个客户/服务器应用程序，它是一个非常松耦合的架构，Docker 引擎示意图如图 7-2 所示。

Docker 引擎主要包含了以下几个组件：守护进程（Docker Daemon）、REST API 和命令行接口（CLI）。其中，守护进程一直运行在一台主机上，用户并不直接和守护进程进行交互，而是通过 CLI 间接和其通信。REST API 则描述了守护进程提供的各个接口，使得 CLI 可以用它和守护进程进行交互。因此，守护进程用于创建和管理 Docker 的各个对象，包括镜像（Images）、容器（Containers）、网络（Networks）和数据卷（Data Volumes）等。

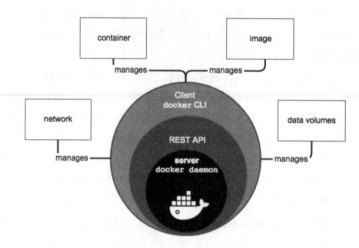

图 7-2　Docker 引擎

7.2.2　Docker Architecture（Docker 架构）

Docker 作为一个 C/S 架构的应用程序，它通过客户端让 Docker 的守护进程去执行编译、运行和发布 Docker 容器。当然，Docker 的客户端和服务端可以运行在同一台机器上，也可以运行在多台机器上，通过 UNIX 的 Socket 或者其他网络协议方式来访问。

由图 7-3 可以看出，Docker 的架构由客户端（Client）、Docker 主机（Host）和 Docker 镜像仓库注册服务器（Registry）构成。

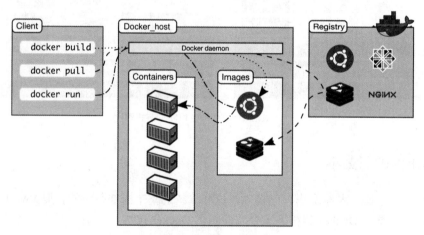

图 7-3　Docker 架构

客户端是用户操作 Docker 的接口，主要安装了 Docker 的类库用于接收输入的命令或配置信息，然后和 Docker 的守护进程（Daemon）进行交互。

服务端则包括了守护进程（Daemon）、容器（Containers）和镜像（Images），守护进程主要用于接收客户端发来的指令并执行；Docker 镜像则包含了一个只读的模板以及如何创建一个 Docker 容器的指令，例如一个镜像可能包含一个安装了 Apache 服务器及用户网站的 Ubuntu Linux 操作系统，用户可以自己构建和更新一个镜像，也可以去下载别人做好的镜像，或者扩展一个或多个其他的镜像。一个 Docker 镜像是通过文本文件来描述的，并称之为 Dockerfile。Dockerfile 具有固定的格式，并且非常简单；Docker 容器则是一个 Docker 镜像的运行实例，用户可以通过 Docker API 或 CLI 命令去运行、启动、停止或删除它。此外，运行一个容器时，需要提供相关的配置信息，例如网络环境信息或者环境变量。每一个容器都是一个隔离的、安全的平台，但它又可以去访问其他主机或容器的资源，包括存储和数据库等。

　　Docker 的镜像仓库注册服务器（Registry）则包含了一个或多个仓库（Repository），而每个仓库都有多个镜像，这些镜像可以是公有的，也可以是私有的。用户可以将镜像仓库注册服务器部署在客户端或服务端的服务器上，也可以部署在其他服务器上。最大的镜像仓库是 Docker Hub，它是 Docker Inc.公司维护的、存放了数量庞大的镜像供用户下载的 SaaS 平台。用户可以创建自己的镜像并使用 push 命令将它上传到公有或者私有仓库，然后通过 pull 命令下载到另外一台机器上使用这个镜像。

　　Docker 将镜像作为构建组件，容器作为运行组件，镜像仓库则作为 Docker 的一个发布组件，包含了很多镜像供服务端使用，这样就形成了 Docker 的整体架构。

7.3　Docker 的使用

7.3.1　安装与卸载 Docker

　　Docker 的安装方式有多种，官方推荐的是用户先设立一个 Docker 仓库，然后从仓库中去安装，这样做简便且容易更新。本节以 Ubuntu Linux 为例讲述安装过程，Docker 对 Ubuntu 系统版本的要求为 64 位的 Yakkety 16.10、Xenial 16.04 （LTS） 或者 Trusty 14.04 （LTS），本例将采用 Xenial 16.04 （LTS）。

　　（1）更新系统，运行如下命令：

```
root@book:~# sudo apt-get update
```

　　（2）安装推荐的扩展包，包括 Curl 和 linux-image-extra-*，运行如下命令，执行效果如图 7-4 所示。

```
sudo: unable to resolve host book
Reading package lists... Done
Building dependency tree
Reading state information... Done
curl is already the newest version (7.47.0-1ubuntu2.2).
linux-image-extra-4.4.0-57-generic is already the newest version (4.4.0-57.78).
linux-image-extra-4.4.0-57-generic set to manually installed.
The following additional packages will be installed:
  linux-generic linux-headers-4.4.0-62 linux-headers-4.4.0-62-generic linux-headers-generic
  linux-image-4.4.0-62-generic linux-image-extra-4.4.0-62-generic linux-image-generic
Suggested packages:
  fdutils linux-doc-4.4.0 | linux-source-4.4.0 linux-tools
Recommended packages:
  thermald
The following NEW packages will be installed:
  linux-headers-4.4.0-62 linux-headers-4.4.0-62-generic linux-image-4.4.0-62-generic
  linux-image-extra-4.4.0-62-generic linux-image-extra-virtual
The following packages will be upgraded:
  linux-generic linux-headers-generic linux-image-generic
3 upgraded, 5 newly installed, 0 to remove and 58 not upgraded.
Need to get 68.4 MB of archives.
After this operation, 296 MB of additional disk space will be used.
Do you want to continue? [Y/n]
```

图 7-4　安装扩展包

```
root@book:~# sudo apt-get install curl linux-image-extra-$(uname -r) linux-
image-extra-virtual
```

（3）设置镜像仓库。

① 安装 apt-transport-https，允许 apt 通过 HTTPS 使用仓库。运行如下命令，运行结果如图 7-5 所示。

```
root@book:~# sudo apt-get install apt-transport-https ca-certificates
```

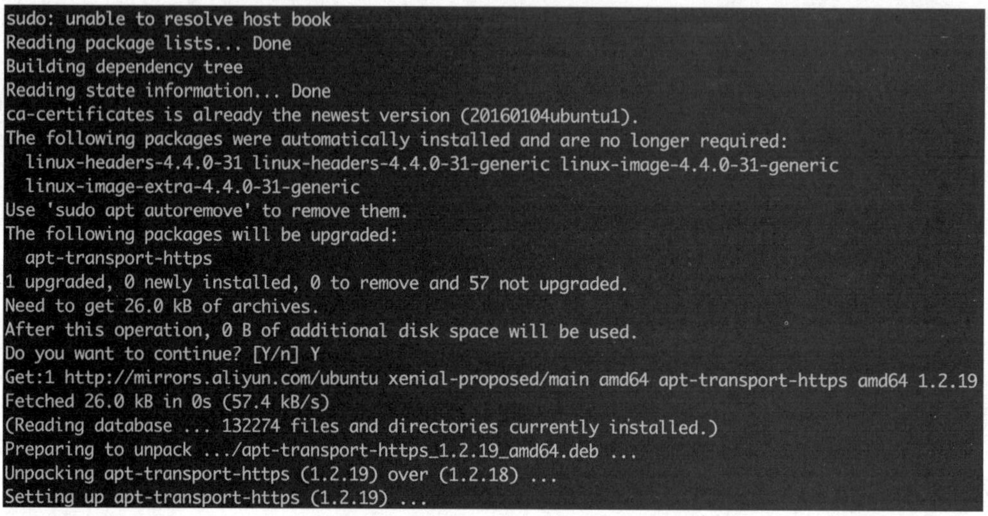

```
sudo: unable to resolve host book
Reading package lists... Done
Building dependency tree
Reading state information... Done
ca-certificates is already the newest version (20160104ubuntu1).
The following packages were automatically installed and are no longer required:
  linux-headers-4.4.0-31 linux-headers-4.4.0-31-generic linux-image-4.4.0-31-generic
  linux-image-extra-4.4.0-31-generic
Use 'sudo apt autoremove' to remove them.
The following packages will be upgraded:
  apt-transport-https
1 upgraded, 0 newly installed, 0 to remove and 57 not upgraded.
Need to get 26.0 kB of archives.
After this operation, 0 B of additional disk space will be used.
Do you want to continue? [Y/n] Y
Get:1 http://mirrors.aliyun.com/ubuntu xenial-proposed/main amd64 apt-transport-https amd64 1.2.19
Fetched 26.0 kB in 0s (57.4 kB/s)
(Reading database ... 132274 files and directories currently installed.)
Preparing to unpack .../apt-transport-https_1.2.19_amd64.deb ...
Unpacking apt-transport-https (1.2.19) over (1.2.18) ...
Setting up apt-transport-https (1.2.19) ...
```

图 7-5　安装 apt-transport-https

② 增加 Docker 官方的 GPG Key 并验证，运行如下命令：

```
root@book:~# sudo curl -s http://yum.dockerproject.org/gpg | sudo apt-key add
```

验证这个 GPG Key 是否为 58118E89F3A912897C070ADBF76221572C52609D。运行如下命令，结果如图 7-6 所示。

```
root@book:~# sudo apt-key fingerprint 58118E89F3A912897C070ADBF76221572C52609D
```

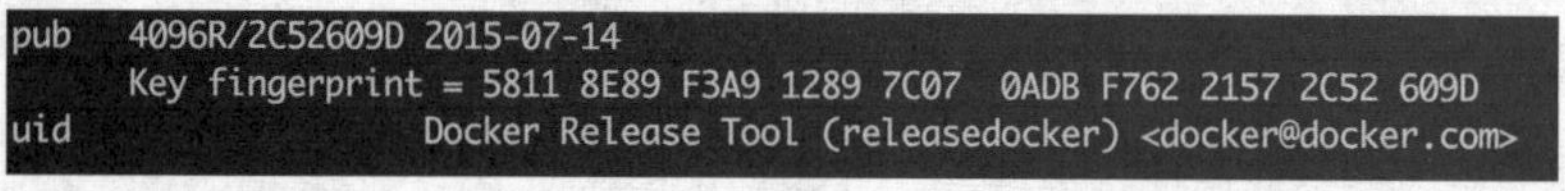

```
pub   4096R/2C52609D 2015-07-14
      Key fingerprint = 5811 8E89 F3A9 1289 7C07  0ADB F762 2157 2C52 609D
uid                  Docker Release Tool (releasedocker) <docker@docker.com>
```

图 7-6　验证 GPG Key 为 58118E89F3A912897C070ADBF76221572C52609D

③ 设置仓库为稳定的发布版本，当然也可以修改 main 增加测试版 testing。运行如下命令：

```
root@book:/etc/apt # sudo apt-add-repository 'deb https://apt.dockerproject.org/
repo ubuntu-xenial main'
```

若找不到 apt-add-repository，则运行以下命令安装它，运行结果如图 7-7 所示。

```
root@book:~# sudo apt-get install software-properties-common
```

（4）安装 Docker。

① 更新 apt 资源。运行如下命令：

```
root@book:~# sudo apt-get update
```

② 检查本机是否安装了 docker-engine。运行如下命令，结果如图 7-8 所示。

```
root@book:~# sudo apt-cache policy docker-engine
```

```
Reading package lists... Done
Building dependency tree
Reading state information... Done
The following packages were automatically installed and are no longer required:
  linux-headers-4.4.0-31 linux-headers-4.4.0-31-generic linux-image-4.4.0-31-generic
  linux-image-extra-4.4.0-31-generic
Use 'sudo apt autoremove' to remove them.
The following additional packages will be installed:
  python3-pycurl python3-software-properties unattended-upgrades
Suggested packages:
  libcurl4-gnutls-dev python-pycurl-doc python3-pycurl-dbg bsd-mailx
The following NEW packages will be installed:
  python3-pycurl python3-software-properties software-properties-common unattended-upgrades
0 upgraded, 4 newly installed, 0 to remove and 57 not upgraded.
Need to get 103 kB of archives.
After this operation, 794 kB of additional disk space will be used.
Do you want to continue? [Y/n]
```

图 7-7　安装 apt-add-repository

```
docker-engine:
  Installed: (none)
  Candidate: 1.13.0-0~ubuntu-xenial
  Version table:
```

图 7-8　检查 docker-engine 的安装情况

③ 安装最新版本的 Docker 引擎。运行如下命令，结果如图 7-9 所示。

```
root@book:~# sudo apt-cache install docker-engine
```

```
Reading package lists... Done
Building dependency tree
Reading state information... Done
The following packages were automatically installed and are no longer required:
linux-headers-4.4.0-31 linux-headers-4.4.0-31-generic linux-image-4.4.0-31-generic
  linux-image-extra-4.4.0-31-generic
Use 'sudo apt autoremove' to remove them.
The following additional packages will be installed:
  aufs-tools cgroupfs-mount git git-man liberror-perl libltdl7
Suggested packages:
  mountall git-daemon-run | git-daemon-sysvinit git-doc git-el git-email git-gui gitk gitweb git-arch git-cvs
  git-mediawiki git-svn
The following NEW packages will be installed:
  aufs-tools cgroupfs-mount docker-engine git git-man liberror-perl libltdl7
0 upgraded, 7 newly installed, 0 to remove and 33 not upgraded.
Need to get 23.1 MB of archives.
After this operation, 115 MB of additional disk space will be used.
Do you want to continue? [Y/n]
```

图 7-9　安装最新版本的 Docker 引擎

④ 如果想安装特定版本的 docker-engine，则可以通过如下命令查看当前可用版本以及安装 docker-engine 的特定版本，运行结果如图 7-10 和图 7-11 所示。

```
root@book:~# sudo apt-cache install docker-engine
```

```
docker-engine | 1.13.0-0~ubuntu-xenial | https://apt.dockerproject.org/repo ubuntu-xenial/main amd64 Packages
docker-engine | 1.12.6-0~ubuntu-xenial | https://apt.dockerproject.org/repo ubuntu-xenial/main amd64 Packages
docker-engine | 1.12.5-0~ubuntu-xenial | https://apt.dockerproject.org/repo ubuntu-xenial/main amd64 Packages
docker-engine | 1.12.4-0~ubuntu-xenial | https://apt.dockerproject.org/repo ubuntu-xenial/main amd64 Packages
docker-engine | 1.12.3-0~xenial | https://apt.dockerproject.org/repo ubuntu-xenial/main amd64 Packages
docker-engine | 1.12.2-0~xenial | https://apt.dockerproject.org/repo ubuntu-xenial/main amd64 Packages
docker-engine | 1.12.1-0~xenial | https://apt.dockerproject.org/repo ubuntu-xenial/main amd64 Packages
docker-engine | 1.12.0-0~xenial | https://apt.dockerproject.org/repo ubuntu-xenial/main amd64 Packages
docker-engine | 1.11.2-0~xenial | https://apt.dockerproject.org/repo ubuntu-xenial/main amd64 Packages
docker-engine | 1.11.1-0~xenial | https://apt.dockerproject.org/repo ubuntu-xenial/main amd64 Packages
docker-engine | 1.11.0-0~xenial | https://apt.dockerproject.org/repo ubuntu-xenial/main amd64 Packages
```

图 7-10　查看 docker-engine 可用版本

```
root@book:~# sudo apt-get install docker-engine=1.12.6-0~ubuntu-xenial
```

```
Reading package lists... Done
Building dependency tree
Reading state information... Done
The following packages were automatically installed and are no longer required:
  linux-headers-4.4.0-31 linux-headers-4.4.0-31-generic linux-image-4.4.0-31-generic
  linux-image-extra-4.4.0-31-generic
Use 'sudo apt autoremove' to remove them.
The following packages will be DOWNGRADED:
  docker-engine
0 upgraded, 0 newly installed, 1 downgraded, 0 to remove and 33 not upgraded.
Need to get 19.4 MB of archives.
After this operation, 13.3 MB of additional disk space will be used.
Do you want to continue? [Y/n]
```

图 7-11　安装 docker-engine 的特定版本

⑤ 通过以下命令检查 docker service 是否运行，运行结果如图 7-12 所示。

```
root@book:~# service docker status
```

```
• docker.service - Docker Application Container Engine
   Loaded: loaded (/lib/systemd/system/docker.service; enabled; vendor preset: enabled)
   Active: active (running) since Fri 2017-01-20 18:01:25 CST; 6min ago
     Docs: https://docs.docker.com
 Main PID: 2366 (dockerd)
   CGroup: /system.slice/docker.service
           ├─2366 /usr/bin/dockerd -H fd://
           └─2389 docker-containerd -l unix:///var/run/docker/libcontainerd/docker-container
```

图 7-12　检查 docker service 的运行状态

⑥ 通过 hello-world 程序验证 Docker 安装的正确性。运行如下命令，结果如图 7-13 所示。

```
root@book:~# docker run hello-world
```

```
Unable to find image 'hello-world:latest' locally
latest: Pulling from library/hello-world
78445dd45222: Pull complete
Digest: sha256:c5515758d4c5e1e838e9cd307f6c6a0d620b5e07e6f927b07d05f6d12a1ac8d7
Status: Downloaded newer image for hello-world:latest

Hello from Docker!
This message shows that your installation appears to be working correctly.
```

图 7-13　验证 Docker 安装的正确性

⑦ 通过 Docker --help 命令可以查看 Docker 相关命令应用。运行如下命令，相关命令及其功能列表如图 7-14 所示。

```
root@book:~# docker --help
Commands:
  attach      Attach to a running container
  build       Build an image from a Dockerfile
  commit      Create a new image from a container's changes
  cp          Copy files/folders between a container and the local filesystem
  create      Create a new container
  diff        Inspect changes on a container's filesystem
  events      Get real time events from the server
  exec        Run a command in a running container
  export      Export a container's filesystem as a tar archive
  history     Show the history of an image
  images      List images
  import      Import the contents from a tarball to create a filesystem image
  info        Display system-wide information
  inspect     Return low-level information on Docker objects
  kill        Kill one or more running containers
  load        Load an image from a tar archive or STDIN
  login       Log in to a Docker registry
  logout      Log out from a Docker registry
  logs        Fetch the logs of a container
  pause       Pause all processes within one or more containers
  port        List port mappings or a specific mapping for the container
  ps          List containers
  pull        Pull an image or a repository from a registry
  push        Push an image or a repository to a registry
  rename      Rename a container
  restart     Restart one or more containers
  rm          Remove one or more containers
  rmi         Remove one or more images
  run         Run a command in a new container
  save        Save one or more images to a tar archive (streamed to STDOUT by default)
  search      Search the Docker Hub for images
  start       Start one or more stopped containers
  stats       Display a live stream of container(s) resource usage statistics
  stop        Stop one or more running containers
  tag         Create a tag TARGET_IMAGE that refers to SOURCE_IMAGE
  top         Display the running processes of a container
  unpause     Unpause all processes within one or more containers
  update      Update configuration of one or more containers
  version     Show the Docker version information
  wait        Block until one or more containers stop, then print their exit codes
```

图 7-14　docker 相关命令应用

7.3.2　使用 Docker 镜像

Docker 容器运行的就是 Docker 镜像文件，默认情况下，这些镜像文件都从 Docker Hub 下载。如 7.3.1 节中运行的 hello-world 镜像就是从 Docker Hub 下载到本地后运行的。因此，通过 Docker 镜像命令，用户可以搜索、下载、推送、删除、构建镜像文件。在终端上运行"docker image --help"，可以看到 Docker 镜像支持的命令列表如图 7-15 所示。

```
root@book:~# docker image --help
Commands:
  build       Build an image from a Dockerfile
  history     Show the history of an image
  import      Import the contents from a tarball to create a filesystem image
  inspect     Display detailed information on one or more images
  load        Load an image from a tar archive or STDIN
  ls          List images
  prune       Remove unused images
  pull        Pull an image or a repository from a registry
  push        Push an image or a repository to a registry
  rm          Remove one or more images
  save        Save one or more images to a tar archive (streamed to STDOUT by default)
  tag         Create a tag TARGET_IMAGE that refers to SOURCE_IMAGE
```

图 7-15　Docker 镜像支持的命令列表

下面将演示 Docker 镜像命令的基本用法。

（1）搜索 Docker 镜像。利用 search 命令搜索 Ubuntu 可以得到与 Ubuntu 相关不同版本的镜像列表。镜像按照热门程度排列，其中 OFFICIAL 列如果显示 OK 代表官方版本。运行如下命令，结果如图 7-16 所示。

```
root@book:~# docker search ubuntu
```

```
NAME                          DESCRIPTION                              STARS   OFFICIAL   AUTOMATED
ubuntu                        Ubuntu is a Debian-based Linux operating s...  5385    [OK]
ubuntu-upstart                Upstart is an event-based replacement for ...  69      [OK]
rastasheep/ubuntu-sshd        Dockerized SSH service, built on top of of...  66                 [OK]
consol/ubuntu-xfce-vnc        Ubuntu container with "headless" VNC sessi...  38                 [OK]
torusware/speedus-ubuntu      Always updated official Ubuntu docker imag...  27                 [OK]
ubuntu-debootstrap            debootstrap --variant=minbase --components...  27      [OK]
ioft/armhf-ubuntu             [ABR] Ubuntu Docker images for the ARMv7(a...  20                 [OK]
nickistre/ubuntu-lamp         LAMP server on Ubuntu                          14                 [OK]
nuagebec/ubuntu               Simple always updated Ubuntu docker images...  13                 [OK]
nickistre/ubuntu-lamp-wordpress  LAMP on Ubuntu with wp-cli installed       9                  [OK]
nimmis/ubuntu                 This is a docker images different LTS vers...  6                  [OK]
maxexcloo/ubuntu              Base image built on Ubuntu with init, Supe...  2                  [OK]
jordi/ubuntu                  Ubuntu Base Image                             1                  [OK]
darksheer/ubuntu              Base Ubuntu Image -- Updated hourly            1                  [OK]
admiringworm/ubuntu           Base ubuntu images based on the official u...  1                  [OK]
lynxtp/ubuntu                 https://github.com/lynxtp/docker-ubuntu        0                  [OK]
vcatechnology/ubuntu          A Ubuntu image that is updated daily           0                  [OK]
datenbetrieb/ubuntu           custom flavor of the official ubuntu base ...  0                  [OK]
teamrock/ubuntu               TeamRock's Ubuntu image configured with AW...  0                  [OK]
widerplan/ubuntu              Our basic Ubuntu images.                       0                  [OK]
webhippie/ubuntu              Docker images for ubuntu                       0                  [OK]
esycat/ubuntu                 Ubuntu LTS                                     0                  [OK]
konstruktoid/ubuntu           Ubuntu base image                              0                  [OK]
stefaniuk/ubuntu              My customised Ubuntu baseimage                 0                  [OK]
labengine/ubuntu              Images base ubuntu                             0                  [OK]
```

图 7-16　搜索可用的 Docker 镜像

（2）获取 Docker 镜像。通过 pull 命令下载官方版本的 Ubuntu 和 MySQL。运行相关的下载命令，结果如图 7-17 及图 7-18 所示。

```
root@book:~# docker pull ubuntu
```

```
Using default tag: latest
latest: Pulling from library/ubuntu
b3e1c725a85f: Pull complete
4daad8bdde31: Pull complete
63fe8c0068a8: Pull complete
4a70713c436f: Pull complete
bd842a2105a8: Pull complete
Digest: sha256:7a64bc9c8843b0a8c8b8a7e4715b7615e4e1b0d8ca3c7e7a76ec8250899c397a
Status: Downloaded newer image for ubuntu:latest
```

图 7-17　下载 Ubuntu 镜像

```
root@book:~# docker pull mysql
```

```
Using default tag: latest
latest: Pulling from library/mysql
5040bd298390: Pull complete
55370df68315: Pull complete
fad5195d69cc: Pull complete
a1034a5fbbfc: Pull complete
84bedc72ed3a: Pull complete
10981627b57d: Pull complete
0eb1485c660d: Pull complete
e3ee110bb981: Pull complete
01dd88d2ce4f: Pull complete
a08baf9a1c89: Pull complete
2f844a59fb03: Pull complete
Digest: sha256:79690dd87d68fd4d801e65f5479f8865d572a6c7ac073c9273713a9c633022c5
Status: Downloaded newer image for mysql:latest
```

图 7-18　下载 MySQL 镜像

（3）查看 Docker 镜像。通过 images 命令可以看到当前机器所下载的镜像，除了刚下载的官方 Ubuntu 和 MySQL 镜像外，还有在运行 hello-world 时下载的 hello-world 镜像。运行如下命令，结果如图 7-19 所示。

```
root@book:~# docker images

REPOSITORY          TAG         IMAGE ID         CREATED          SIZE
mysql               latest      f3694c67abdb     2 days ago       400 MB
hello-world         latest      48b5124b2768     6 days ago       1.84 kB
ubuntu              latest      104bec311bcd     5 weeks ago      129 MB
```

图 7-19　查看已下载镜像列表

（4）导出 Docker 镜像。运行如下命令，可以将镜像保存成一个压缩文件。

```
root@book:~# docker save ubuntu > /opt/ubuntu.tar.gz
```

（5）删除 Docker 镜像。通过 rmi 命令可以删除机器上的镜像，例如删除下载的 Ubuntu 镜像。依次运行如下命令，结果如图 7-20 所示。

```
root@book:~# docker images

root@book:~# docker rmi ubuntu

root@book:~# docker images
```

```
root@book:~# docker images
REPOSITORY          TAG         IMAGE ID         CREATED          SIZE
mysql               latest      f3694c67abdb     2 days ago       400 MB
hello-world         latest      48b5124b2768     6 days ago       1.84 kB
ubuntu              latest      104bec311bcd     5 weeks ago      129 MB
root@book:~# docker rmi ubuntu
Untagged: ubuntu:latest
Untagged: ubuntu@sha256:7a64bc9c8843b0a8c8b8a7e4715b7615e4e1b0d8ca3c7e7a76ec8250899c397a
Deleted: sha256:104bec311bcdfc882ea08fdd4f5417ecfb1976adea5a0c237e129c728cb7eada
Deleted: sha256:f086cebe1dd257beedaa235e4eef280f603273b4c15cbe6db929ab64f100c302
Deleted: sha256:84cfefd72f9a8be0b92adfb93664e9bc8d740829152f1ab76b2a8393d56d8db8
Deleted: sha256:f7309529402984109c74a95ee5d68c0a5aa57241070890a09c76be48a8cd773f
Deleted: sha256:23f1e9516742d68eaa2439dd50693bf7294fcd64d69d9643e51a4be64aa0b97c
Deleted: sha256:32d75bc97c4173417b54eb2a417ea867637c3014dc1b0dd550f11ab490cbb09f
root@book:~# docker images
REPOSITORY          TAG         IMAGE ID         CREATED          SIZE
mysql               latest      f3694c67abdb     2 days ago       400 MB
hello-world         latest      48b5124b2768     6 days ago       1.84 kB
```

图 7-20　删除 Docker 镜像

（6）导入 Docker 镜像。通过 load 命令，可以将前面保存的 Ubuntu 镜像导入到本地镜像库。依次运行下列命令，结果如图 7-21 所示。

```
root@book:~# docker load < /opt/ubuntu.tar.gz

root@book:~# docker images
```

```
root@book:~# docker load < /opt/ubuntu.tar.gz
32d75bc97c41: Loading layer [==================================>]  134.6 MB/134.6 MB
87f743c24123: Loading layer [==================================>]  15.87 kB/15.87 kB
bbe6cef52379: Loading layer [==================================>]  11.78 kB/11.78 kB
3d515508d4eb: Loading layer [==================================>]  4.608 kB/4.608 kB
5972ebe5b524: Loading layer [==================================>]  3.072 kB/3.072 kB
Loaded image: ubuntu:latest
root@book:~# docker images
REPOSITORY          TAG         IMAGE ID         CREATED          SIZE
mysql               latest      f3694c67abdb     2 days ago       400 MB
hello-world         latest      48b5124b2768     6 days ago       1.84 kB
ubuntu              latest      104bec311bcd     5 weeks ago      129 MB
```

图 7-21　导入 Docker 镜像

7.3.3　使用 Docker 容器

容器是镜像的一个运行实例，因此运行镜像前，Docker 会先检查本地是否有该镜像，如果没有，则从 Docker Hub 下载并运行。由于 Docker 是轻量级的，因此此用户可以非常方便快速地创建与删除容器。此外，Docker 提供了多个管理容器的命令，具体可以通过 help 命令来查看。运行如下命令，结果如图 7-22 所示。

```
root@book:~# docker container help
```

```
Usage:  docker container COMMAND

Manage containers

Options:
      --help    Print usage

Commands:
  attach    Attach to a running container
  commit    Create a new image from a container's changes
  cp        Copy files/folders between a container and the local filesystem
  create    Create a new container
  diff      Inspect changes on a container's filesystem
  exec      Run a command in a running container
  export    Export a container's filesystem as a tar archive
  inspect   Display detailed information on one or more containers
  kill      Kill one or more running containers
  logs      Fetch the logs of a container
  ls        List containers
  pause     Pause all processes within one or more containers
  port      List port mappings or a specific mapping for the container
  prune     Remove all stopped containers
  rename    Rename a container
  restart   Restart one or more containers
  rm        Remove one or more containers
  run       Run a command in a new container
  start     Start one or more stopped containers
  stats     Display a live stream of container(s) resource usage statistics
  stop      Stop one or more running containers
  top       Display the running processes of a container
  unpause   Unpause all processes within one or more containers
  update    Update configuration of one or more containers
  wait      Block until one or more containers stop, then print their exit codes
```

图 7-22　管理容器命令列表

（1）新建并运行容器。通过 run 命令可以直接创建一个新的 Ubuntu 容器并运行，其中-it 表示创建后进入这个容器，创建命令为：

```
root@book:~# docker run -it ubuntu
```

（2）查看容器。在新的终端中，通过 ps 命令查看容器列表，后面可以接-a 或-l 等参数，代表列出所有容器或最后的容器等。运行如下命令，结果如图 7-23 所示。

```
root@book:~# docker ps -a
```

CONTAINER ID	IMAGE	COMMAND	CREATED	STATUS	PORTS	NAMES
2ac1eda62961	ubuntu	"/bin/bash"	19 seconds ago	Up 18 seconds		cocky_lichterman
acc1262add15	hello-world	"/hello"	20 hours ago	Exited (0) 25 minutes ago		distracted_clarke

图 7-23　查看容器

（3）停止容器。停止刚运行的 Ubuntu 容器，运行如下命令，结果如图 7-24 所示。

```
root@book:~# docker stop 2ac1eda62961
```

```
root@book:~# docker stop 2ac1eda62961
2ac1eda62961
root@book:~# docker ps -a
CONTAINER ID    IMAGE          COMMAND        CREATED            STATUS                    PORTS        NAMES
2ac1eda62961    ubuntu         "/bin/bash"    About a minute ago Exited (127) 2 seconds ago             cocky_lichterman
acc1262add15    hello-world    "/hello"       20 hours ago       Exited (0) 26 minutes ago              distracted_clarke
```

图 7-24　停止容器

（4）删除容器。删除 Ubuntu 容器，运行如下命令，结果如图 7-25 所示。

```
root@book:~# docker rm 2ac1eda62961
```

```
root@book:~# docker rm 2ac1eda62961
2ac1eda62961
root@book:~# docker ps -a
CONTAINER ID    IMAGE          COMMAND        CREATED            STATUS                    PORTS        NAMES
acc1262add15    hello-world    "/hello"       20 hours ago       Exited (0) 27 minutes ago              distracted_clarke
```

图 7-25　删除 Ubuntu 容器

7.4　Docker 的应用

下面将介绍如何利用 Docker 快速部署 LAMP WEB 应用，具体包括 MySQL、Apache 镜像的修改与提交，Docker Hub 的使用，以及 Docker Composer 的应用。

7.4.1　使用 Docker Hub

（1）注册 Docker Hub 账号。打开 Docker Hub 网站，注册账号，并查看邮件确认。本例注册的账号为 book2docker，注册账号界面如图 7-26 所示。

图 7-26　注册 Docker Hub 账号

（2）登录 Docker Hub，查看仓库信息。输入账号和密码后，单击"Login"（登录）按钮，完成登录 Docker Hub，如图 7-27 和图 7-28 所示。

图 7-27　输入账号和密码

图 7-28　登录 Docker Hub

（3）在本地终端登录 Docker Hub。运行如下登录命令，结果如图 7-29 所示。

```
root@book:~# docker login
```

```
Login with your Docker ID to push and pull images from Docker Hub. If you don't have a Docker ID, head over to https://hub.docker.com to create one.
Username (book2docker): book2docker
Password:
Login Succeeded
```

图 7-29　在本地终端登录 Docker Hub

7.4.2　创建自定义的 MySQL 镜像

（1）运行 MySQL 容器。在 7.3.2 节已经下载了官方 MySQL 镜像，创建并运行 MySQL 镜像容器，并将本地的 3306 端口连接到容器的 3306 端口。其中-e MYSQL_ROOT_PASSWORD=123456 给 MySQL 容器中的 MySQL_Server 应用设置 root 密码，而-d 则是以 detach 模式运行，即后台运行。依次运行如下命令，结果如图 7-30 所示。

```
root@book:~# docker images

root@book:~# docker run -p 3306:3306 -e MYSQL_ROOT_PASSWORD=123456 -d mysql
```

```
root@book:~# docker images
REPOSITORY          TAG          IMAGE ID          CREATED          SIZE
mysql               latest       f3694c67abdb      3 days ago       400 MB
hello-world         latest       48b5124b2768      7 days ago       1.84 kB
ubuntu              latest       104bec311bcd      5 weeks ago      129 MB
root@book:~# docker run -p 3306:3306 -e MYSQL_ROOT_PASSWORD=123456 -d mysql
c6742a2f18a4f244060e0196286eb4545cf530f626c3d44f75e5f7356df63c76
root@book:~# docker ps -a
CONTAINER ID        IMAGE          COMMAND                CREATED          STATUS              PORTS                    NAMES
c6742a2f18a4       mysql          "docker-entrypoint..." 4 seconds ago    Up 3 seconds        0.0.0.0:3306->3306/tcp   vibrant_golick
acc1262add15       hello-world    "/hello"               24 hours ago     Exited (0) 4 hours ago                        distracted_clarke
```

图 7-30　运行 MySQL 容器

（2）连接 MySQL 并创建数据库。通过 MySQL 程序连接容器的 MySQL Server，并创建 book 数据库。如果系统没有安装 MySQL 客户端程序，则运行 sudo apt-get install MySQL_client 安装。依次运行如下命令，结果如图 7-31 所示。

```
root@book:~# mysql -h127.0.0.1 -uroot -p

mysql> create database book;

mysql> show databases;
```

图 7-31　连接、创建、查看 MySQL 数据库

（3）创建样本数据。在 book 数据库中新建一个 student 表，并插入 3 条样本数据。依次运行如下命令，结果如图 7-32 所示。

```
mysql> use book;
mysql> insert into student values(1,'Joy'),(2,'Tom'),(3,'James');
mysql> select * from student;
```

图 7-32　插入并显示 student 数据库表

（4）停止容器。运行如下命令，结果如图 7-33 所示。

```
root@book:~# docker stop c6742a2f18o4
```

图 7-33　停止 MySQL 容器

（5）提交容器中 MySQL 镜像到本地仓库。运行如下命令，结果如图 7-34 所示。

```
root@book:~# docker commit -m "Book Mysql demo" -a "book2docker" c6742a2f18o4
book2docker/book-mysql-0.1
```

```
root@book:~# docker commit -m "Book Mysql Demo" -a "book2docker" c6742a2f18a4 book2docker/book-mysql-0.1
sha256:df7fd84c6bdeac50f5f13491a8f83a309375140871f2a1b1d6dbc83c6aefbfa4
root@book:~# docker images
REPOSITORY                TAG             IMAGE ID          CREATED          SIZE
book2docker/book-mysql-0.1  latest          df7fd84c6bde      4 seconds ago    400 MB
mysql                      latest          f3694c67abdb      3 days ago       400 MB
hello-world                latest          48b5124b2768      7 days ago       1.84 kB
ubuntu                     latest          104bec311bcd      5 weeks ago      129 MB
```

图 7-34　提交 MySQL 镜像到本地仓库

（6）推送 book MySQL-0.1 镜像到 Docker Hub。运行如下命令，结果如图 7-35 所示。

```
root@book:~# docker push book2docker/book-mysql-0.1
```

```
The push refers to a repository [docker.io/book2docker/book-mysql-0.1]
87cc819d8092: Mounted from book2docker/book-mysql-1.0
832b7053d955: Mounted from book2docker/book-mysql-1.0
5aa89235b622: Mounted from book2docker/book-mysql-1.0
979b12f684b5: Mounted from book2docker/book-mysql-1.0
404de73a3cc0: Mounted from book2docker/book-mysql-1.0
4984bbd82bef: Mounted from book2docker/book-mysql-1.0
ec2246b62bff: Mounted from book2docker/book-mysql-1.0
c0ed762efdaf: Mounted from book2docker/book-mysql-1.0
eee305040577: Mounted from book2docker/book-mysql-1.0
04e79522ec95: Mounted from book2docker/book-mysql-1.0
5e2dd548cf80: Mounted from book2docker/book-mysql-1.0
a2ae92ffcd29: Mounted from book2docker/book-mysql-1.0
latest: digest: sha256:e0be88a13756803e55d3d71db38baff30f2c7d6b23b7b65fa921731acf647589 size: 2823
```

图 7-35　推送 MySQL 镜像到 Docker Hub

（7）登录 Docker Hub 可以查看到镜像已经推送到上面，如图 7-36 所示。

图 7-36　查看 Docker Hub 镜像列表

7.4.3　使用 Dockerfile 构建自定义的 Apache 镜像

（1）搜索安装有 PHP5 的 Apache 镜像。运行如下命令，结果如图 7-37 所示。

```
root@book:~# docker search apache-php5
```

NAME	DESCRIPTION	STARS	OFFICIAL	AUTOMATED
nimmis/apache-php5	This is docker images of Ubuntu 14.04 LTS ...	22		[OK]
fbender/php56-apache-mysql	Image for local development on old project...	6		[OK]
yousan/php5.6-apache	php5.6-apache for damp	3		[OK]
profideo/php55-apache-node	PHP5.5 / Apache2 / NodeJS	2		[OK]
mwienk/php5.6-apache	PHP 5.6 with apache and common dependencie...	1		[OK]
nimmis/alpine-apache-php5	This is docker images of Alpine with apach...	1		[OK]
delamaison/apache-php53	apache-php53	1		[OK]
otozrhevara/rpi-apache-php5	RPi-compatible Docker image for running Ap...	1		[OK]
mad93/apache2-php5	Apache2 with php5	1		[OK]
liling/phusion-apache-php5	phusion based apache php5	0		[OK]
timoschmid/apache-php5	Fork of nimmis/apache-php5 with mod_rewrit...	0		[OK]
tchak2k/apache-php5		0		[OK]
itosoftware/apache-php5	apache + php5	0		[OK]
virtuman/apache-php5	apache with php5.6	0		[OK]
antonychan/apache-php5		0		[OK]
babacooll/apache-php5		0		[OK]
crollalowis/apache-php5		0		[OK]
ascdc/apache2-php56	apache2-php56	0		[OK]
pomin5/php5-apache		0		[OK]
vistrcm/php5-apache	apache mod_php. php5	0		[OK]
alimashuri/alpine-apache-php5	apache php5 based on alpinelinux	0		[OK]
rsmoorthy/apache-php5	A Highly opinionated version of apache and...	0		[OK]
webfatorial/php5-apache	PHP with Apache Docker images with some ex...	0		[OK]
binocarlos/apache-php5		0		[OK]
profideo/php55-apache-node-imagik	php55-apache-node-imagik	0		[OK]

图 7-37　搜索 Apache-php5 镜像

（2）选择下载最热门 nimmis/apache-php5 镜像。运行如下命令，结果如图 7-38 所示。

```
root@book:~# docker pull nimmis/apache-php5
```

```
Using default tag: latest
latest: Pulling from nimmis/apache-php5
c60055a51d74: Pull complete
755da0cdb7d2: Pull complete
969d017f67e6: Pull complete
37c9a9113595: Pull complete
a3d9f8479786: Pull complete
b9ad72d42144: Pull complete
0cd8507ce056: Pull complete
154b231b7c8c: Pull complete
312b21bbfc66: Pull complete
d5f81016db76: Pull complete
Digest: sha256:29b3a5dbd49083d47c0b0d81268143112d11298335a1aea6d1b7cef22b1c4a15
Status: Downloaded newer image for nimmis/apache-php5:latest
```

图 7-38　下载 nimmis/apache-php5 镜像

（3）在用户目录创建 book 文件夹，并编辑一个 index.php 文件显示上面建立的数据库中的数据。依次运行如下命令，结果如图 7-39 所示。

```
root@book:~/book# ls
root@book:~/book# cat index.php
```

```
root@book:~/book# ls
index.php
root@book:~/book# cat index.php
<?php
    $conn=mysqli_connect('47.88.49.139','root','123456') or die("error connecting");
    mysqli_select_db($conn,'book');
    $sql ="select * from student";
    $result = mysqli_query($conn,$sql);
    echo "<h1>Results from database</h1>";
    while($row = mysqli_fetch_array($result))
    {
        echo "<h2>";
        echo $row['name'] . "<br/>";
        echo "</h2>";
    }
?>
```

图 7-39　创建 index.php 文件

（4）创建 Dockerfile，内容如图 7-40 所示。其中，FROM 为该镜像从哪个已有的镜像中创建，MAINTAINER 为作者信息。COPY 命令将刚建立的 index.php 文件复制到 Apache 的根目录下。EXPOSE 将本机的 80 端口和 443 端口绑定到容器上，CMD 则是执行命令启动 Apache 服务器。运行如下命令创建 Dockerfile：

```
root@book:~/book# ls
root@book:~/book# cat Dockerfile
```

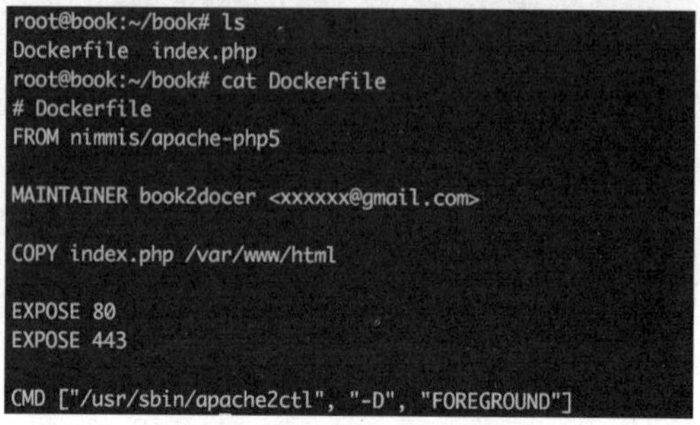

图 7-40　创建 Dockerfile

（5）在 Book 目录下编译 Dockerfile 文件。依次运行如下命令，结果如图 7-41 所示。

```
root@book:~/book# ls
root@book:~/book# docker build -t book2docker/book-apache-0.1 .
```

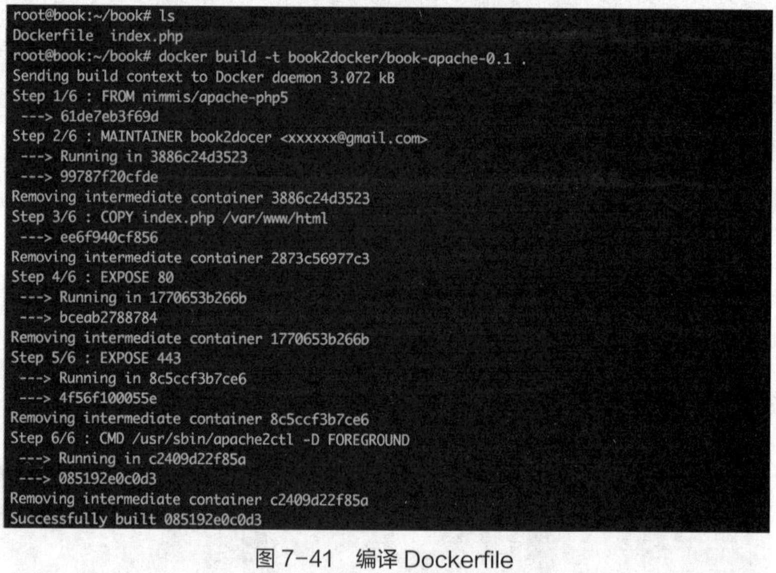

图 7-41　编译 Dockerfile

（6）查看镜像列表。运行如下命令，可以看到已经编译的镜像 book2docker/book-apache-0.1，结果如图 7-42 所示。

```
root@book:~/book# docker images
```

（7）创建并运行该镜像文件的一个容器，命令如下。运行完后，通过 ps 命令查看容器列表，结果如图 7-43 所示。

```
root@book:~/book# docker run -p 80:80 -d book2docker/book-apache-0.1
```

```
root@book:~/book# docker images
REPOSITORY                       TAG      IMAGE ID        CREATED          SIZE
book2docker/book-apache-0.1      latest   085192e0c0d3    42 seconds ago   445 MB
book2docker/book-mysql-0.1       latest   df7fd84c6bde    6 hours ago      400 MB
nimmis/apache-php5               latest   61de7eb3f69d    18 hours ago     445 MB
mysql                            latest   f3694c67abdb    3 days ago       400 MB
hello-world                      latest   48b5124b2768    7 days ago       1.84 kB
ubuntu                           latest   104bec311bcd    5 weeks ago      129 MB
```

图 7-42　查看已编译的镜像

```
f95638dd062b2964bbd6bb443f5d4237901c44a2cda2a57f7e2b68be698bec41
root@book:~/book# docker ps -a
CONTAINER ID   IMAGE                         COMMAND                CREATED         STATUS                    PORTS                           NAMES
f95638dd062b   book2docker/book-apache-0.1   "/usr/sbin/apache2..." 5 seconds ago   Up 4 seconds              0.0.0.0:80->80/tcp, 443/tcp     vigilant_bohr
c6742a2f18a4   mysql                         "docker-entrypoint..." 6 hours ago     Exited (0) 3 minutes ago                                  vibrant_golick
acc1262add15   hello-world                   "/hello"               31 hours ago    Exited (0) 10 hours ago                                   distracted_clarke
```

图 7-43　创建并运行 book-apache 镜像容器

（8）重新启动前面停止的 MySQL 容器。依次运行如下命令，结果如图 7-44 所示。

```
root@book:~/book# docker start c6742a2f18a4

root@book:~/book# docker ps -a
```

```
root@book:~/book# docker start c6742a2f18a4
c6742a2f18a4
root@book:~/book# docker ps -a
CONTAINER ID   IMAGE                         COMMAND                CREATED         STATUS                    PORTS                            NAMES
f95638dd062b   book2docker/book-apache-0.1   "/usr/sbin/apache2..." About a minute ago  Up About a minute    0.0.0.0:80->80/tcp, 443/tcp      vigilant_bohr
c6742a2f18a4   mysql                         "docker-entrypoint..." 6 hours ago     Up 6 seconds              0.0.0.0:3306->3306/tcp           vibrant_golick
acc1262add15   hello-world                   "/hello"               31 hours ago    Exited (0) 10 hours ago                                    distracted_clarke
```

图 7-44　重新启动 MySQL 容器

（9）通过浏览器访问本机 index.php 路径，得到数据库表 student 的遍历结果，如图 7-45 所示。

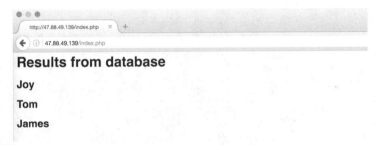

图 7-45　查看 index.php 显示的结果

（10）推送 book-apache 镜像到 Docker Hub。运行如下命令，可以将 book2docker/book-apache-0.1 推送到 Docker Hub。查看到 book2docker 在 Docker Hub 已经拥有两个公有镜像。命令运行结果及镜像列表如图 7-46 和图 7-47 所示。

```
root@book:~/book# docker push book2docker/book-apache-0.1
```

```
root@book:~/book# docker push book2docker/book-apache-0.1
The push refers to a repository [docker.io/book2docker/book-apache-0.1]
3fc42408f963: Pushed
52fcddb23d77: Mounted from nimmis/apache-php5
bcfc8b093cdc: Mounted from nimmis/apache-php5
9c0993e8669a: Mounted from nimmis/apache-php5
45c7e5daa9d3: Mounted from nimmis/apache-php5
091cf27391ac: Mounted from nimmis/apache-php5
c9fc7024b484: Mounted from nimmis/apache-php5
ca893d4b83a6: Mounted from nimmis/apache-php5
153bd22a8e96: Mounted from nimmis/apache-php5
83b575865dd1: Mounted from nimmis/apache-php5
918b1e79e358: Mounted from nimmis/apache-php5
latest: digest: sha256:9d31d5b3a630fd41eb36380ee72c6c98a95c4afb2992ae4c01041716e57f9ceb size: 2616
```

图 7-46　推送 book-apache 镜像到 Docker Hub

图 7-47　在 Docker Hub 上查看镜像列表

7.4.4　应用 Docker-Compose 同时启动 Apache 和 MySQL 容器

前面讲述了如何创建自定义的镜像，并将镜像提交到 Docker Hub 平台上。其中，两个镜像的运行容器是单独启动运行的，下面将介绍一种新的文件格式或方法来配置 LAMP 的运行环境，并同时启动所需要的镜像容器。

（1）停止并删除正在运行的 Apache 和 MySQL 容器。依次运行如下命令，结果如图 7-48 所示。

```
root@book:~/book# docker ps -a

root@book:~/book# docker stop f95638dd062b c6742a2f18a4

root@book:~/book# docker rm f95638dd062b c6742a2f18a4

root@book:~/book# docker ps -a
```

图 7-48　停止并删除 Apache 和 MySQL 容器

（2）安装 Docker-Compose 软件。运行如下命令，结果如图 7-49 所示。

```
root@book:~/book# sudo apt-get install docker-compose
```

图 7-49　安装 Docker-Compose 程序

（3）创建一个 Docker-Compose.yml 文件。该文件配置了 book-apache-0.1 和 book-mysql-0.1 镜像的运行容器及其开放端口。运行如下命令，结果如图 7-50 所示。

```
root@book:~/book# cat docker-compse.yml
```

```
root@book:~/book# cat docker-compose.yml
# docker-compose.yml
web:
  image: book2docker/book-apache-0.1
  ports:
    - "80:80"
    - "443:443"
database:
  image: book2docker/book-mysql-0.1
  ports:
    - "3306:3306"
```

图 7-50 创建并编写 Docker-Compose.yml 文件

（4）利用 Docker-Compose 同时创建并运行 Apache 和 MySQL 容器。依次运行如下命令，结果如图 7-51 所示。

```
root@book:~/book# docker-compose up -d
root@book:~/book# docker ps -a
```

```
root@book:~/book# docker-compose up -d
Creating book_web_1
Creating book_database_1
root@book:~/book# docker ps -a
CONTAINER ID   IMAGE                        COMMAND                  CREATED          STATUS                    PORTS                                        NAMES
53c055c47468   book2docker/book-mysql-0.1   "docker-entrypoint..."   5 seconds ago    Up 4 seconds              0.0.0.0:3306->3306/tcp                       book_database_1
dcfca283ee56   book2docker/book-apache-0.1  "/usr/sbin/apache2..."   6 seconds ago    Up 4 seconds              0.0.0.0:80->80/tcp, 0.0.0.0:443->443/tcp     book_web_1
acc1262add15   hello-world                  "/hello"                 31 hours ago     Exited (0) 11 hours ago                                                distracted_clarke
```

图 7-51 通过 Docker-Compose 运行 Apache 和 MySQL 容器

（5）创建样本数据。这里需要注意的是，虽然已经提交并推送了 book2docker/book-mysql-0.1 到 Docker Hub。但数据库的数据是以一种叫数据卷的形式保存，它不会被提交到 image 中。因此需要重新建立样本数据。依次运行如下命令，结果如图 7-52 所示。

```
mysql>create database book;
mysql> use book;
mysql> insert into student values （1，'Joy'），（2，'Tom'），（3，'James'）；
mysql> select * from student
```

```
mysql> create database book;
Query OK, 1 row affected (0.00 sec)

mysql> use book;
Database changed
mysql> create table student (id int, name varchar(255));
Query OK, 0 rows affected (0.02 sec)

mysql> insert into student values (1,'Joy'),(2,'Tom'),(3,'James');
Query OK, 3 rows affected (0.01 sec)
Records: 3  Duplicates: 0  Warnings: 0

mysql> select * from student;
+------+-------+
| id   | name  |
+------+-------+
|    1 | Joy   |
|    2 | Tom   |
|    3 | James |
+------+-------+
3 rows in set (0.00 sec)
```

图 7-52 创建数据库和 book 表并查看

（6）利用浏览器打开"/index.php"页面查看并验证结果，如图 7-53 所示。

图 7-53　查看 index.php 显示结果

7.5　本章小结

本章介绍了 Docker 的发展情况及其与其他虚拟机的区别，并阐述了 Docker 的技术架构，详细描述了 Docker 的安装、Docker 镜像的使用以及 Docker 容器的使用，并通过综合实践案例给出了 Docker 在实际操作中快速部署 LAMP 的应用。通过本章内容的学习，读者可以掌握实现 Docker 的快速部署方法及其在各个场合的实际应用。

习题 7

一、单项选择题

（1）什么是 Docker 虚拟化技术？_____

（A）Docker 就是虚拟机　　　　　　　（B）Docker 是重量级虚拟化技术

（C）Docker 是半虚拟化技术　　　　　（D）Docker 是一个开源的应用容器引擎

（2）Docker 目前可以运行在什么系统上？_____

（A）Windows Server 2012　　　　　　（B）Linux

（C）MAC OS　　　　　　　　　　　　（D）Windows

（3）Docker 是基于什么作为引擎的？_____

（A）LXC　　　　　　　　　　　　　　（B）Linux

（C）虚拟机　　　　　　　　　　　　　（D）容器

（4）Docker 跟 KVM、Xen 虚拟化的区别是_____。

（A）启动快，资源占用小，基于 Linux 容器技术

（B）KVM 属于半虚拟化

（C）Docker 属于半虚拟化

（D）KVM 属于轻量级虚拟化

（5）关于 Docker 虚拟化，以下说法正确的是_____。

（A）Docker 是基于 Linux 64 bit 的，无法在 32 bit 的 Linux/Windows/UNIX 环境下使用

（B）Docker 虚拟化可以替代其他所有虚拟化

（C）Docker 技术可以不基于 OS 系统

（D）Docker 可以在 Windows 上进行虚拟

（6）使用 Docker 可以帮助企业解决什么问题？_____

（A）服务器资源利用不充分、部署难问题

（B）可以当成单独的虚拟机来使用

（C）Docker 可以解决自动化运维问题

（D）Docker 可以帮助企业实现数据自动化

（7）Docker 进入容器的命令格式是_____。

（A）docker run –it –d centos /bin/bash

（B）docker –exec -it docker-id /bin/bash

（C）docker start docker-id

（D）docker attach

（8）Docker 在后台运行一个实例的命令是_____。

（A）docke start docker-id　　　　　（B）docker run –itd centos /bin/bash

（C）docker inspect docker-id　　　　（D）docker attach docker-id

（9）Docker 常用的文件系统类型为_____。

（A）NTFS 和 EXT4　　　　　　　　（B）Devicemapper 和 EXT4

（C）Aufs 和 EXT4　　　　　　　　　（D）Aufs 和 Devicemapper

（10）Docker 可以控制很多资源，目前还不能对如下哪些资源进行隔离？_____

（A）硬盘 I/O 读写　　　　　　　　　（B）硬盘和内存大小

（C）CPU 和网卡　　　　　　　　　　（D）CPU 个数

二、简答题

（1）Docker 引擎主要包含了哪几个组件，各个组件的作用是什么？

（2）Docker 服务端主要包含了哪几部分，各个部分的作用是什么？

三、操作题

请参照本章知识点，利用 Docker 部署一个由 nginx 和 MySQL 构成的 Web 服务。

第三部分

实战篇

Chapter 8 第 8 章
服务器虚拟化应用

本章主要讨论虚拟服务器的使用以及相关问题的解决。现在市面上服务器虚拟化解决方案众多，为了能够适应大多数人群，本章以 VMware vSphere 为例来介绍、演示这些解决方案。

以 VMware vSphere 为例，掌握虚拟服务器的部署，包括虚拟服务器的配置、工具的部署、虚拟服务器调优、虚拟服务器安全性、虚拟机备份、虚拟机业务迁移及物理机转虚拟机的方法及技术。

8.1 虚拟服务器配置

虚拟服务器是指通过软件模拟的具有完整硬件系统功能的、运行在一个完全隔离环境中的完整计算机系统。

虚拟系统能够生成现有操作系统的全新虚拟镜像，它具有与真实 Windows 系统完全一样的功能，进入虚拟系统后，所有操作都是在这个全新的独立虚拟系统里进行，可以独立安装运行软件，保存数据，拥有自己的独立桌面，不会对真正的系统产生任何影响，而且是具有能够在现有系统与虚拟镜像之间灵活切换的一类操作系统。虚拟服务器安装配置界面如图 8-1 所示。

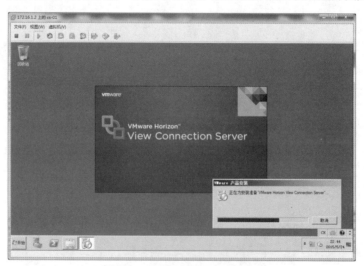

图 8-1　虚拟服务器安装配置

在 VMware ESXi 服务器中，可以新建多个虚拟服务器。每个虚拟服务器彼此互相独立，互不影响。选择 ESXi 服务器，单击右键在弹出的快捷菜单中选择"新建虚拟机"，如图 8-2 所示。

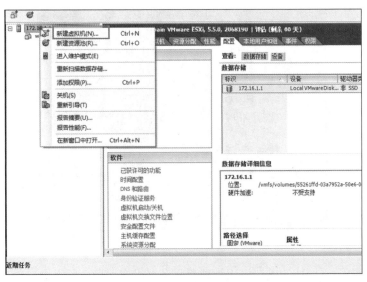

图 8-2　新建虚拟机

在新建虚拟机前，先勾选"完成前编辑虚拟机设置"，进入虚拟机详细设置，配置步骤如下。

（1）单击"新的 CD/DVD（正在添加）"选项。

（2）选择"数据存储 ISO 文件"。

（3）勾选"打开电源时连接"复选框。

如图 8-3 所示，为该虚拟机配置 ISO 光盘镜像。

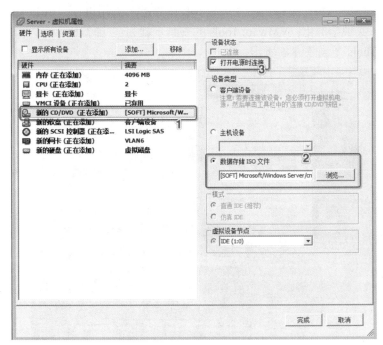

图 8-3　编辑虚拟机设置

默认情况下，VMware ESXi 虚拟机启动顺序为"移动设备驱动器"（Removable）→"硬盘驱动器"（Hard Drive）→"CD-ROM 驱动器"（CD-ROM Drive）→"网络启动"（Network boot from VMware VMXNET3），如图 8-4 所示。

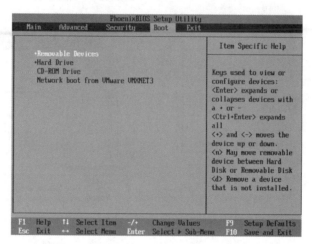

图 8-4　VMware ESXi 虚拟机启动顺序

打开虚拟机电源，新建的虚拟机因为硬盘驱动器没有引导，所以会自动从 ISO 镜像文件启动，如果后续安装操作系统，需要从 ISO 镜像文件启动，可以在启动瞬间按"Esc"键进入启动项选择界面。

在完成虚拟服务器系统安装之后，需要为虚拟服务器安装 VMware Tools。VMware Tools 是 VMware 虚拟机中自带的一种增强工具，相当于 VirtualBox 中的增强功能（Sun VirtualBox Guest Additions），是 VMware 提供的增强虚拟显卡和硬盘性能，以及同步虚拟机与主机时钟的驱动程序。安装好 VMware Tools，才能实现主机与虚拟机之间的文件共享，同时可支持自由拖拽的功能，鼠标也可在虚拟机与主机之间自由移动（不用再按"Ctrl+Alt"组合键），且虚拟机屏幕也可实现全屏化。VMware Tools 的安装步骤为："虚拟机"→"客户机"→"安装/升级 VMware Tools"，如图 8-5 所示。

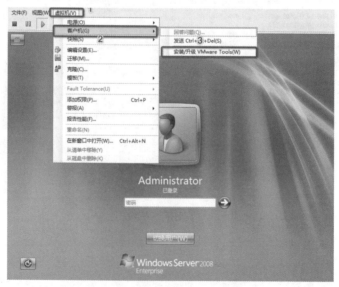

图 8-5　安装 VMware Tools 驱动

在 Windows 中输入用户名、密码登录进入系统，打开光驱中的安装文件，根据提示一步步地安装，一般使用默认标准安装即可。

在 Linux 中，需要先安装 Perl 支持（最小化安装一般不会自动安装 Perl 支持，桌面环境一般需要包含 Perl 支持）。

安装完 Perl 支持之后，需要将光盘挂载到一个目录，运行如下命令：

```
[root@localhost ~]# mount /dev/sr0 /mnt
```

解压安装文件到临时目录，运行如下命令：

```
[root@localhost ~]# tar xzvf /mnt/ vmwaretools-10.0.6-3560309.tar.gz -C /tmp/
```

解压过程如图 8-6 所示。

```
vmware-tools-distrib/
vmware-tools-distrib/lib/
vmware-tools-distrib/lib/icu/
vmware-tools-distrib/lib/icu/icudt44l.dat
vmware-tools-distrib/lib/bin32/
vmware-tools-distrib/lib/bin32/vmware-xferlogs
vmware-tools-distrib/lib/bin32/appLoader
vmware-tools-distrib/lib/bin32/vmware-user-suid-wrapper
```

图 8-6　解压安装文件

执行 vmware-install.pl 脚本，运行如下命令：

```
[root@localhost ~]# /tmp/vmware-tools-distrib/vmware-install.pl
```

默认一直按"Enter"键确认即可完成安装，如图 8-7 所示。

```
A previous installation of VMware Tools has been detected.

The previous installation was made by the tar installer (version 4).

Keeping the tar4 installer database format.

You have a version of VMware Tools installed.  Continuing this install will
first uninstall the currently installed version.  Do you wish to continue?
(yes/no) [yes]
```

图 8-7　执行 VMware-install.pl 脚本

8.2　服务器部署工具

部署虚拟服务器，除了使用上一节所讲的方法创建一台全新的虚拟机来安装操作系统之外，还可以直接导入已经封装好的虚拟机镜像，导入之后初始化即可使用。

随着虚拟化的普及，现在很多开源/商业项目都发布了封装好的虚拟机镜像，用以简化部署过程并节省部署时间。例如，基于 Web 界面的提供分布式系统监视以及网络监视功能的企业级开源解决方案 Zabbix，F5 负载均衡器 BIG-IP 虚拟化版。从官方网站即可下载，当然一些商业软件需要订阅才能提供下载权限。

现在常用的封装格式为 Open Virtualization Format （OVF）。在 VMware vSphere 环境中，导入 OVF 封装格式的镜像步骤如下。

（1）首先进入"部署 OVF 模板"，单击菜单中的"文件"→"部署 OVF 模板"，如图 8-8 所示。

图 8-8　部署 OVF 模板

选择 OVF/OVA 模板所在的路径，如图 8-9 所示。

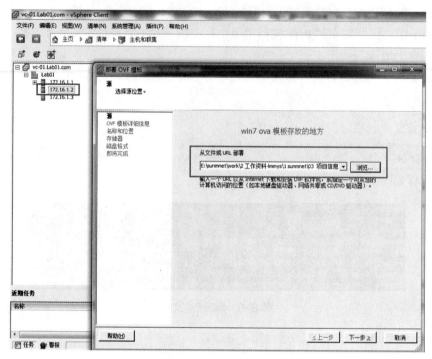

图 8-9　选择模板所在路径

单击"下一步"按钮，进入"OVF 模板详细信息"界面，如图 8-10 所示。单击"下一步"按钮，进入"部署 OVF 模板"之"为已部署模板指定名称和位置"界面。

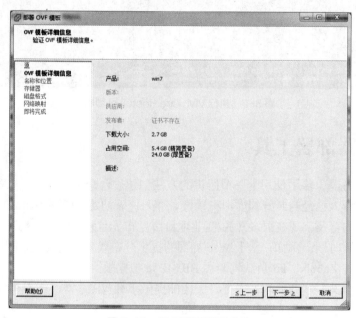

图 8-10　OVF 模板详细信息

（2）为虚拟机设置名称，并选择虚拟机所在的文件夹位置，如图 8-11 所示。完成后单击"下一步"按钮，进入"部署 OVF 模板"，配置虚拟机存储界面。

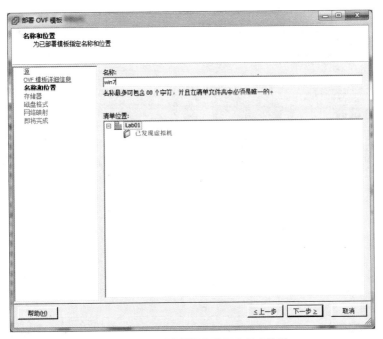

图 8-11 设置虚拟机名称和文件夹位置

（3）为虚拟机设置存储位置，如图 8-12 所示。选定后单击"下一步"按钮，进入配置虚拟磁盘格式界面。

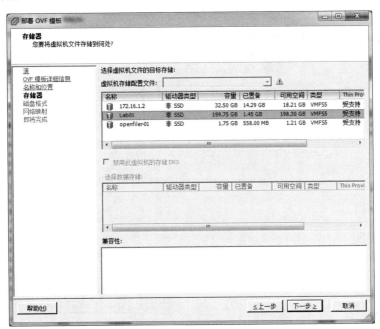

图 8-12 设置虚拟机存储位置

在配置虚拟磁盘格式时将格式配置成精简格式（Thin Provision），以减少空间的浪费，如图 8-13 所示。选定后单击"下一步"按钮，进入虚拟机网络配置界面。

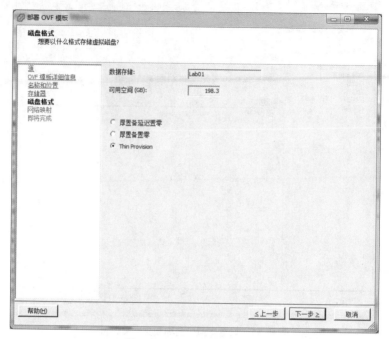

图 8-13　配置虚拟磁盘格式

（4）为虚拟机配置网络，如图 8-14 所示。配置完成后单击"下一步"按钮。

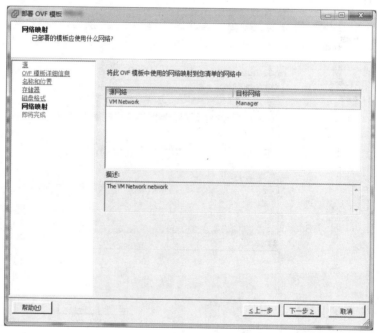

图 8-14　配置虚拟机网络

（5）完成配置后系统开始部署虚拟机，最后单击"完成"按钮完成部署，如图 8-15 所示。

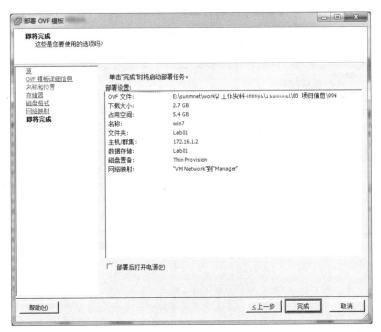

图 8-15　完成部署虚拟机

8.3　虚拟服务器调优

当虚拟服务器配置不当或受到硬件性能限制时，会出现虚拟服务器性能达不到预期要求的状况。现在很多虚拟化的解决方案都自带性能监控分析工具，或者使用第三方性能监控工具进行分析。

8.3.1　虚拟磁盘

虚拟磁盘有三种磁盘模式，分别为精简置备、厚置备置零、厚置备延迟置零（有关磁盘模式的内容，在第 3 章中已经给出介绍）。

虚拟磁盘的性能对虚拟机的性能影响也是极大的，很多时候，为了节省存储空间都选择精简模式的虚拟磁盘，但精简模式性能会有一定的下降，所以上线的业务系统建议使用厚置备模式虚拟磁盘。如果对磁盘读写比较频繁，建议物理磁盘使用 10 K/15 K 转的 SAS 硬盘，甚至固态硬盘。配置虚拟磁盘的界面如图 8-16 所示。

8.3.2　虚拟机页面文件和交换空间

虚拟化环境中，虚拟机的页面文件与交换空间都是存放在虚拟磁盘文件中，所以页面文件或交换空间应该放在单独的驱动器中，避免页面文件或交换空间频繁修改存放数据的虚拟文件，让操作系统运行得更有效率。

8.3.3　主机性能调优

部署了虚拟化环境，有些管理员认为采购一台大内存、大磁盘空间、多个物理 CPU 的服务器就可以解决所有问题，事实上虚拟化环境对硬件也有一些特定要求。

1．CPU

为了适应虚拟化环境，近年来大多数 CPU 都加入了虚拟化支持的特性，采购服务器时，需要注意 CPU 是否支持虚拟化，如果不支持，性能也会大大下降。如果单台物理服务器需要支持更多的虚拟机，建议使用 4 路 CPU 的服务器。特别说明，某些型号的服务器出厂时默认状态是没有打开 CPU 虚拟化支持，需要进入 BIOS 后手动打开。

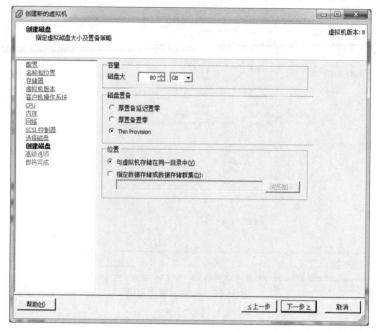

图 8-16　配置虚拟磁盘

2．内存

随着应用程序规模的扩大，对内存的要求越来越高，现在单台服务器 256 GB 甚至 512 GB 内存都比较常见。所以在经费允许的情况下，尽量配置大容量内存。

3．磁盘

很多时候，磁盘的性能会被忽略。其实磁盘性能也是一个很关键的技术指标，服务器常用的磁盘种类一般分 SSD 盘、SAS 盘、SATA 盘，性能从高到低依次为 SSD 盘、15 K RPM SAS 盘、10 K RPM SAS 盘、7200 RPM SATA 盘。

SSD 盘一般应用在高并发的应用以及数据库中，SAS 盘一般应用在访问比较频繁的在线业务系统上，SATA 盘作为容量盘，一般用于大文件的存储以及备份。

磁盘阵列卡也是一个关键部件，一个性能好、缓存大的阵列卡能提升 30%～50%的读写性能。

8.3.4　网络优化

在虚拟化环境中，网卡作为一个共享设备，某些时刻也会出现瓶颈。所以，在规划时要把管理网络和不同业务的网络分开，并实现冗余。目前 10 GB 的网卡已经开始普及，如果有需要，不妨配备 10 GB 网卡。

8.4　虚拟服务器安全性

"业务上云"之后，带来一个比较严峻的问题，那就是安全性。当使用物理服务器时，如果重启服务器、意外宕机、网络故障，只是影响到单台服务器及其上的相关业务。当使用虚拟化环境之后，出现上述问题就会影响到当前物理服务器所支持的所有虚拟机。所以，在规划虚拟化环境时，要考虑硬件冗余、容灾备份方案以及如何保障业务的延续性，降低停机风险。

为了保证虚拟服务器的安全性，一般可以采用以下一些方法。

1．阻断或者移除服务

使用"最小化安装"原则，移除虚拟化环境中不必要的服务，开启防火墙，只允许通行必要的可信任入站流量。

2．使用防病毒软件

像物理服务器一样，虚拟机同样需要使用防病毒软件，目前大多数虚拟化环境都有虚拟化的防病毒软件，通过虚拟化层的 API 统一对虚拟机进行防护。建议使用虚拟化环境专用的防病毒软件，比传统的防病毒软件节省主机资源，也方便统一管理。

3．定期进行系统安全性审计

系统长期开放，难免会出现被攻击、入侵的状况，所以，定时进行系统安全性审计是必要的。通过网络扫描寻找开放端口，扫描恶意软件，监测用户操作日志是否出现异常，找出存在的问题。

4．提高服务器高可用性（HA）

High Availability（HA）是 VMware 的企业应用环境中用来保障企业级应用不间断运行需求所产生的一个组件。"HA"允许一个集群在资源许可的情况下，将出现故障的 ESX 主机上面的 VM 在其他主机上启动起来，其间的业务时间间断为：VM 系统启动时间+应用启动时间+15秒左右的心跳检测时间。通常这个时间都能够保持在 3 分钟内。"HA"的运行机制如图 8-17所示。

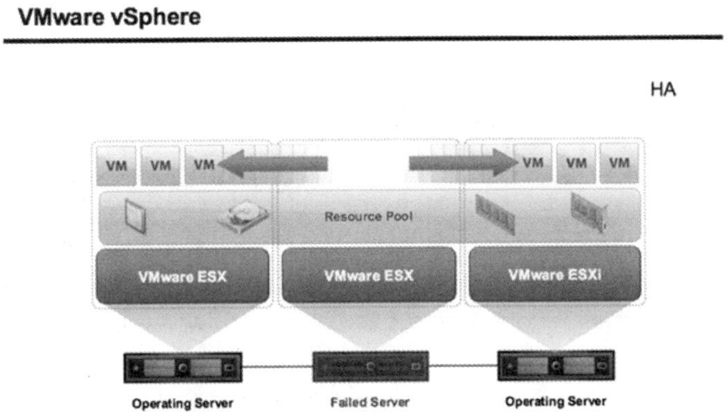

图 8-17　vSphere HA 高可用特性

8.5　虚拟机备份

讨论备份之前，首先讨论一下可能造成数据丢失的原因。

（1）自然灾害，如水灾、火灾、雷击、地震等不可抗力因素造成计算机系统和存储数据的破坏或丢失。

（2）计算机设备故障，其中包括存储介质的老化和失效等。

（3）系统管理员及维护人员的误操作。

（4）病毒感染造成的数据破坏和网络上的"黑客"攻击。

（5）其他不可预见的原因。

在没有备份的情况下，大多数数据丢失是很难恢复的，所以重要的业务系统必须要预制数据备份方案，一般可考虑采用如下备份方案。

（1）业务系统自有的备份机制。

（2）虚拟化环境厂商提供的备份解决方案。

（3）第三方专用的备份解决方案。

虚拟机备份可以采用以下方法。

1．文件复制

直接复制文件是最简单的备份形式，对于 UNIX/Linux 操作系统，可以在线进行文件复制，但这种方式在 Windows 操作系统中对有些文件是不可行的。

在很多虚拟化环境中，可以实现"在线克隆"功能，复制一份开机状态的虚拟机。其原理是保存一份当前这台开机状态的虚拟机的状态，对保存的状态进行复制，这样可以实现 Windows 的在线文件复制。

2．虚拟机备份软件

与物理服务器无异，安装一个备份软件，通过备份软件把文件备份到附加的存储、磁带机、其他服务器上，这个方法的效率不高。

3．虚拟化备份方案

在 VMware 虚拟化环境中，可以使用 VMware 提供的免费备份软件 vSphere Data Protection（VDP）。"VDP"的安装采用模板部署，类似于前文所描述的部署 OVF 的步骤方法，这里不再详述。

完成部署前的配置，包括主机、资源池、存储等，接着进入部署过程，如图 8-18 所示。

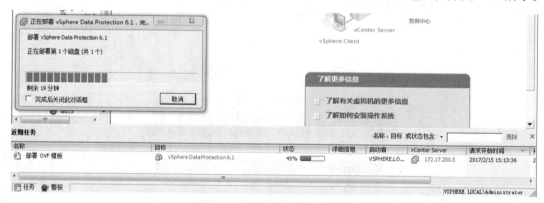

图 8-18　部署 VDP 虚拟机过程

部署完成，打开 VDP 虚拟机电源以及控制台界面，在控制台界面提供了通过 Web 配置 VDP 的 IP 地址，如图 8-19 所示。

按照提示的 IP 地址，在浏览器中输入 VDP 配置地址 https://172.17.6.18:8543/vdp-configure，登录 VDP 管理界面进行配置，如图 8-20 所示。

接着根据提示完成 VDP 与 vCenter 的信息对接配置，配置完成后可以在 vSphere Web Client 界面上查看 vSphere Data Protection，如图 8-21 所示。

图 8-19　VDP 控制台界面

图 8-20　VDP 配置信息

图 8-21　vSphere Data Protection

通过 VDP 可以为 **VMware** 环境提供虚拟机、主机备份功能。可以选择主机、资源池、虚拟机等作为备份对象，如图 8-22 所示。

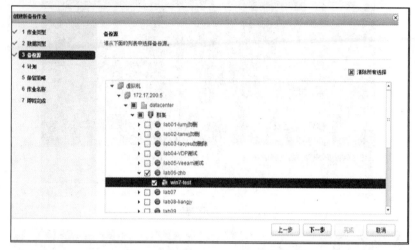

图 8-22　在 VDP 下配置备份对象

VDP 虚拟机支持为备份对象配置备份策略，配置界面如图 8-23 所示。

图 8-23　配置 VDP 保留备份策略

配置完成之后即可选择需要进行备份的虚拟机，进行数据备份。数据备份时会进行数据去重、增量备份等，备份界面如图 8-24 所示。

图 8-24　备份虚拟机

备份方案除了 VMware 提供的 VDP 备份软件之外，还有第三方专业的备份方案，如赛门铁克的 Backup Exec 等，此处不再详述。

8.6 虚拟机业务迁移

虚拟机迁移为业务的高可用性提供了诸多好处。当主机需要进行计划内的硬件升级时，可以把虚拟机迁移至其他主机，以有效减少业务计划内宕机的时间。虚拟机业务迁移可以通过两种办法实现，分别是业务冷迁移和业务在线热迁移（vMotion）。

8.6.1 业务冷迁移

业务冷迁移比较简单，需要在关机状态下处理。迁移过程和业务在线热迁移 vMotion 一样,不同之处在于冷迁移可以同时改变存储位置和主机位置。

8.6.2 业务在线热迁移

在很多具体的业务环境中,业务要求无中断迁移。这时就要采用 vSphere vMotion 迁移方案，通过 vMotion，可以确保业务在迁移过程中不关机、无中断，也就是在线热迁移。

vMotion 的详细迁移步骤可参考图 8-25，选择相应虚拟机，单击右键在弹出的快捷菜单中选择"迁移"。

迁移时可以在"迁移虚拟机"窗口进行设置，比如，选择更改主机、更改数据存储等，如图 8-26 所示。

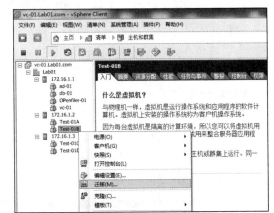

图 8-25　vMotion 迁移

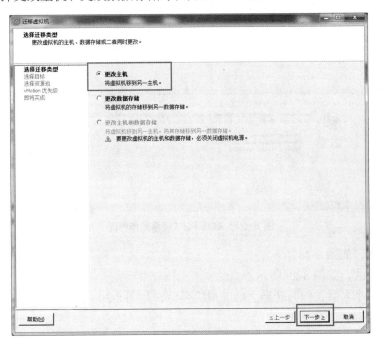

图 8-26　迁移虚拟机

8.7　P2V（物理机转虚拟化）

当物理服务器性能达不到业务量的需求时，会考虑进行扩容或者更换服务器，但现在很多时候都希望把物理服务器的业务往虚拟化环境上迁移。解决这个问题的方法，可以用离线的 P2V 迁移（冷克隆）或者在线的 P2V 迁移（热克隆）。

8.7.1　离线 P2V 迁移（冷克隆）

冷克隆，也就是关机状态下的迁移方式。

通常安全关机之后，使用 Live CD 或者 U 盘进行引导，将硬盘的数据复制传输到虚拟化环境中。传输完毕之后，需要重新安装虚拟化环境的驱动。

8.7.2　在线 P2V 迁移（热克隆）

随着技术的发展，热克隆也变为一种可能。也就是在业务系统运行时不中断进行 P2V 迁移，为了避免在线数据丢失与损坏，建议停止数据库与应用之后再开始操作，操作系统可以处于开机状态。

VMware 提供了一个免费的热克隆工具，名字为 "VMware vCenter Converter Standalone"，可以实现 "在线 P2V 迁移"，支持 Windows 和 Linux 在线迁移以及 VMware 产品/Hyper-V 产品离线迁移。此工具可以在 VMware 官网免费下载。

下面是在线 P2V 迁移的主要操作。

（1）进入操作界面，如图 8-27 所示。

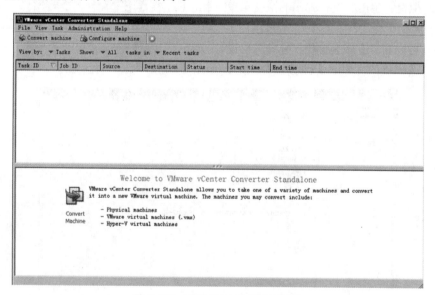

图 8-27　在线 P2V 迁移操作界面

（2）选择源，如图 8-28 所示。

（3）选择目的，如图 8-29 所示。

（4）输入一个名字，作为转换之后虚拟机名称，如图 8-30 所示。

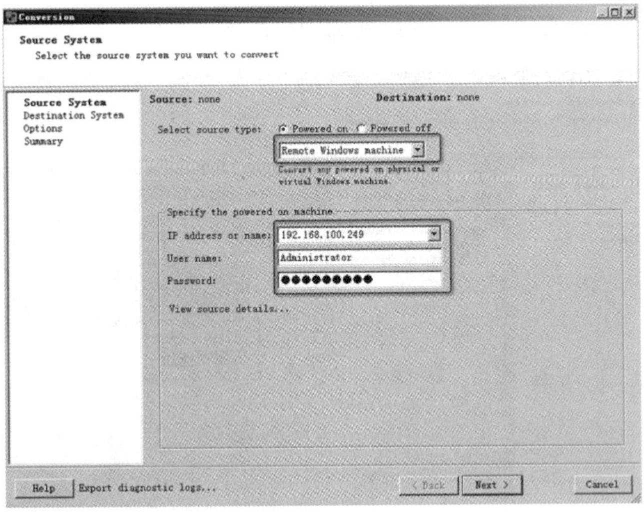

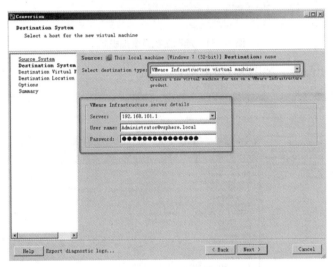

图 8-28　选择源

图 8-29　选择目的

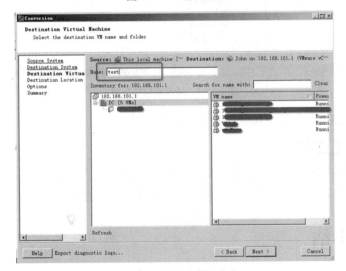

图 8-30　输入虚拟机名称

（5）选择一台主机，选择存放存储以及虚拟机版本，如图 8-31 所示。

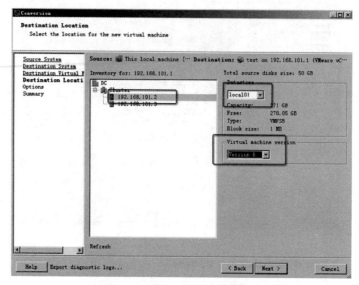

图 8-31　选择主机及虚拟机版本

（6）修改虚拟机配置，如图 8-32 所示。

图 8-32　修改虚拟机配置

所有配置完成后，单击"Finish"按钮即可开始转换。

8.7.3　手工迁移

当冷迁移与热迁移均无法适用时，只能使用最原始的方式，即所谓的手动迁移。在虚拟化环境上创建一个完全一样的新环境，把所有数据导出来，再导入到新环境中。

8.8　本章小结

本章以 VMware vSphere 为例，给出了一个服务器虚拟化的实战案例，包括虚拟服务器的配置、工具的部署、虚拟服务器调优、虚拟服务器安全性、虚拟机备份、虚拟机业务迁移及物理机转虚拟机的方法及技术等。

习题 8

一、选择题

（1）（多项选择）管理员进行交互式安装 ESXi 6.x，有哪些安装方式？_____

（A）DVD   （B）USB

（C）PXE   （D）Scripted

（2）（多项选择）管理员采用脚本安装方式安装 ESXi 6.x，需要哪些前提条件？_____

（A）PXE Server   （B）HTTPs

（C）FTP   （D）NFS

（3）（多项选择）虚拟机无法开机，是下列哪些原因造成的？_____

（A）磁盘空间不足，无法开启 vswp   （B）虚拟机没有分配一个硬盘

（C）宿主机许可过期   （D）群集开启 HA 接入控制

（4）（多项选择）vSphere 管理员需要将一个 CPU 添加到一个虚拟机，但单击编辑虚拟机设置后发现选项是灰色的，下面_____是对这个现象的正确解释。

（A）虚拟机正在运行

（B）该虚拟机配置了 CPU 限制

（C）CPU 热添加尚未在虚拟机上启用

（D）虚拟机在资源池中没有可用的 CPU 资源

（5）（单项选择）vSphere 管理员创建一个 vSphere 标准交换机，虚拟机的端口组连接一个物理上行口，管理员需要保证该端口组的虚拟机只能互相交流。管理员应该做什么操作？_____

（A）从 vSphere 标准交换机删除物理上行口

（B）创建专用 VLAN 并将它应用到 vSphere 标准的交换机上的虚拟机端口组

（C）启用 vSphere 标准交换机端口安全策略

（D）启用虚拟机端口组 Fenced 设置

二、简答题

（1）相对物理服务器，虚拟机有哪些优势？

（2）虚拟化之后，业务的连续性带来哪些优势？

三、操作题

（1）参考本章知识点，新建一台虚拟 vSphere 主机，配置内存 8 GB，CPU 为 2*4C，容量为 100 GB。

（2）配置主机 IP 地址，并能够连通网络。

（3）修改虚拟 vSphere 主机内存为 7 GB，并在虚拟 vSphere 主机上新建虚拟机，配置虚拟机内存 2 GB，CPU 为 2*1C，容量为 30 GB。

Chapter 9 第9章
桌面虚拟化应用

本章介绍桌面虚拟化主流终端类型、瘦客户端、胖客户端以及共享桌面、基于虚拟机的托管桌面等概念与技术，现今市面上桌面虚拟化解决方案众多，为了能够适应大多数人群，本章以 VMware View 为例，介绍、演示了这些解决方案。

了解虚拟化终端的类型及其特点、熟悉常见共享桌面的种类。了解主流虚拟桌面的产品及其厂商，掌握 VMware View 虚拟桌面的部署过程。

虚拟化技术是"云计算"系统的核心组成部分之一，除了服务器虚拟化之外，桌面虚拟化也是虚拟化技术的重要组成部分。

桌面虚拟化概念是指将个人的桌面软件环境与个人计算机的物理硬件相分离。狭义的桌面虚拟化系统仅指原生应用桌面虚拟化系统，主要呈现为虚拟桌面基础架构（VDI），广义的桌面虚拟化系统还包括重构桌面虚拟化系统，主要以基于 Web 的操作系统的方式呈现。

桌面虚拟化就是将传统的桌面操作系统从本地硬件系统移动到远程服务器系统上，即将原本运行在用户终端上的桌面和应用程序托管到服务器端运行，并由终端通过网络远程访问，而终端本身仅实现输入/输出与界面显示功能。远程桌面只需要通过轻量级客户端来访问，而这种轻量级客户端是一些小型或迷你型操作系统，甚至是只能用来连接远程桌面的哑终端。

桌面虚拟化是一种基于客户/服务器的计算模式，它将个人计算机桌面环境从 PC 机中分离出来，由服务器提供"虚拟化"桌面，在局域网、广域网和互联网环境下提供与本地桌面相同的用户体验。当用户在远程客户端工作时，相应的操作系统、应用程序以及用户数据等都集中管理、运行和保存，实现在任何地点和任何时间通过非特定设备（如不同的台式机、笔记本、瘦终端、PDA，甚至手机），都可以访问和操作在网络中属于个人的桌面系统。

桌面虚拟化依赖于服务器虚拟化，在数据中心的服务器中生成大量独立的桌面操作系统（虚拟机或者虚拟桌面），并集中存储、执行和管理，同时根据专有的虚拟桌面协议发送给终端设备，用户使用终端设备通过网络和远程协议（如 RDP、ICA、PCoIP）登录到虚拟主机。

使用桌面虚拟化能为企业用户带来多重好处，例如，降低企业后期投入的成本、便于企业 IT 人员对终端桌面实施集中管控、保证企业数据安全、提高合作效率等都是桌面虚拟化所能带来的优势。

云计算让现在的 IT 环境更具生产力，能实现资源调度按需分配，环境部署自动化，降低人工运维成本，提高生产效率。随着云计算的成熟，虚拟桌面或者说"桌面云"将成为未来终端管理和桌面系统建设的主要趋势。

9.1　桌面虚拟化终端类型

终端服务（Terminal Services）提供了在终端服务器上同时承载多个客户端会话的能力，它的工作原理类似于 Telnet。客户机与服务器通过 TCP/IP 协议互连后，通过终端服务客户端软件，将客户机鼠标、键盘的操作传递到终端服务器上，运行位于终端服务器上的程序，终端服务器再把服务器上的信息传递回客户端显示。客户端不需要具有计算能力，至多只需提供一定的缓存能力。众多的客户端可以同时登录服务器，就像同时在服务器上工作一样，它们之间作为不同的会话连接是互相独立的。

9.1.1　瘦客户端

瘦客户端（Thin Client）指的是在客户端-服务器网络体系中的一个基本无须应用程序的计算机终端。它通过一些协议和服务器通信，进而接入局域网。瘦客户端将其鼠标、键盘等输入传送到服务器处理，服务器再把处理结果回传至瘦客户端显示。不同的瘦客户端可以同时登录到服务器上，模拟出一个相互独立又在服务器上的工作环境；与此相反，普通客户端会尽可能多地进行本地数据处理，与服务器（或其他客户端）的通信中只传送必要的通信数据。

瘦客户端可以分为 Intel 架构和 AMD 架构，如图 9-1 所示即为 Intel 架构瘦客户端。

瘦客户端的应用大大简化了起动映像（boot image）的控制。通常一个起动映像已能满足非常广泛的应用，而且能够集中管理，带来以下好处。

图 9-1　升腾 AI945-5 瘦客户端

1．管理成本较低

管理人员可以在服务器上集中管理瘦客户端，瘦客户端可能发生硬件故障的地方也较少。而由于本地环境被严格限制（通常还是没有记忆的），防止了恶意软件的攻击。

2．数据的保护较容易

经过适当设计，应用数据完全不会存放在瘦客户端上（它只是把运算结果绘制出来），而是集中存放在服务器端或者虚拟存储中，因此，对恶意软件的防卫也可以集中进行。

3．硬件成本较低

因为没有硬盘、内存，也没有高性能的处理器，瘦客户端一般比较便宜，而且它们也不会需要常常升级或很快老化。即使把服务器的价钱计算在内，使用瘦客户端的总体价钱也往往比传统客户端低。其中一个原因是前者能把硬件物尽其用，传统客户端的处理器虽然强大，但往往只是被闲置。另外，瘦客户端之间可以共用内存，若是多个用户同时使用同一应用程序，该应用程序只需在中央服务器上载入，而这种情况下胖客户端就需各自把程序载入到本机的内存中。

4．耗能量低

瘦客户端专用的硬件耗能量比胖客户端要低。除了节省电费外，还可能免去空调或不需要额外的空调，既显著地降低了成本又达到节能的目的。

5．适合恶劣环境

因为没有散热扇，瘦客户端可在多尘的环境中使用，不用担心尘埃积聚阻碍散热扇的运行。

6．使用较少带宽

若使用胖客户端，用户开启 10 MB 的文件，需要把 10 MB 的数据传送到用户的计算机上，存储时又要把 10 MB 数据传送到文件服务器，打印时也要把 10 MB 数据传送到打印机上，这是没有效率的。在瘦客户端的环境下，由于终端机服务器和文件服务器通常以高速的主轴网络相连，开启或存储文件的通信得以局限在服务器里。在服务器和用户之间，只有鼠标和键盘活动，以及屏幕的更新需要传送。使用如 ICA 等协议（见图 9-2），传送这些信息所需的带宽可低至 5 kbit/s。

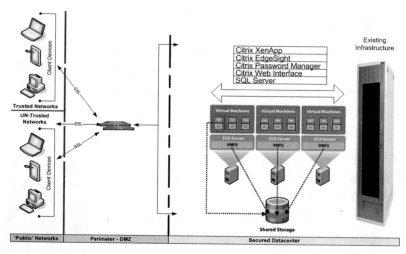

图 9-2　ICA 协议

要实现瘦客户端，最重要的是选择一种客户端和服务端都能理解的沟通方式，这种沟通方式就是通信协议，或者远程传输协议。

常见的瘦客户端传输协议包括微软的 RDP 协议、Citrix 的 ICA 协议、VMware 的 PCoIP 协议、RFB 协议、X11 协议等。

9.1.2　胖客户端

胖客户端（Rich or Thick Client），是相对于"瘦客户端"（Thin Client）而言的。它在本地安装了资源丰富的网络计算机，而不像瘦客户端那样把资源分散到网络中。比如，很多 PC 机（个人计算机）本身就是胖客户端，因为它们有自己的硬盘、CD/DVD 光驱、软件应用程序等。胖客户端深受网络使用者欢迎，因为胖客户端是可以定制的，使用者能够选择安装什么样的软件和配置（Configuration）什么样的特殊系统。在胖客户端的基础上，安装支持桌面虚拟化协议的连接客户端从而能够使用户进行桌面虚拟化的体验。

胖客户端模式将应用程序处理分成了两部分：由用户的桌面计算机执行的处理和最适合一个集中的服务器执行的处理。一个典型的胖客户端包含一个或多个在用户的 PC 机上运行的应用程序，用户可以查看并操作数据、处理一些或所有的业务规则——同时提供一个丰富的用户界面做出响应。服务器负责管理对数据的访问并负责执行一些或所有的业务规则。这种模式也有一些"变种"，它们主要处理业务规则和数据的物理位置。重点是胖客户端应用程序是在用户的计算机上运行的。

9.2 共享桌面

共享桌面，顾名思义就是同一个桌面能够提供给多个用户使用，多个用户共享同一个桌面的资源。在 Windows Server 2008 之前称之为终端服务，终端服务是 Windows 为了在单个系统中支持多个可交互的用户会话而提供的功能。利用 Windows 终端服务，一个远程用户可以在另一台机器上建立一个会话，并且登录进去，在该服务器上运行应用程序。服务器把图形用户界面传送到客户机，客户机把用户的输入传回到服务器上。在 Windows Server 2008 及 R2 中微软对终端服务的名称做了修改，叫作远程桌面服务（RDS），远程桌面服务和终端服务实现的功能是一样的，但是远程桌面服务相对终端服务有所增强，例如，远程桌面服务支持用户访问应用程序和虚拟桌面。远程桌面服务最新版本是 Windows Server 2012 R2，在 Windows Server 2008 R2 中部署和配置远程桌面服务比之前版本要方便很多（在 Windows Server 2008 里叫 TS Web Access）。

最新版本的 Windows Server 极大地改进了用户体验，带给用户的使用体验和使用本机资源相差无几。远程桌面服务中丰富的远程用户体验包含了多监控支持、支持 Windows Media Player 重定向、双向音频并提高富媒体流量位图加速等。基于 Windows 的共享桌面如图 9-3 所示。

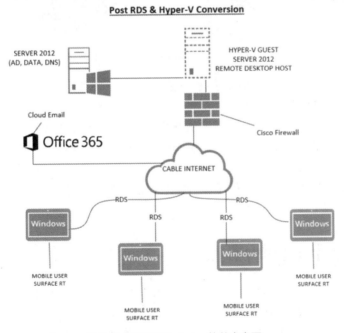

图 9-3 基于 Windows 的共享桌面

9.3 基于虚拟机的托管桌面

基于虚拟机的托管桌面，即每个桌面都是一台独立的虚拟机，不同用户之间的资源与数据是隔离的。在虚拟机主机服务器系统上有多个桌面虚拟机，用户通过瘦客户机连接到特定的虚拟机上，用户在大多数情况下感觉就像在使用本地计算机系统一样。使用 VDI（Virtual Desktop Infrastructure，虚拟桌面架构）企业可以用在数据中心服务器上运行的虚拟桌面来替代传统的 PC 机，管理员在几分钟内便可部署好新的桌面，从而为用户提供他们自己的个性化桌面环境，而无须重新进行培训和共享应用程序。

托管桌面是当前 VMware 和 Xen 的桌面虚拟化方法。因为每个独立的虚拟机仍然具备自己的一套应用程序，包括自己的操作系统、防病毒软件、浏览器以及个人台式机所特有的其他程序，所以这种方法几乎无益于管理员节省时间和减少配置。然而因为瘦客户机使用来自网络服务器的软件和数据，重要数据的处理与传输都是针对数据服务器。瘦客户机还具有配置简单、价格比台式机便宜、使用寿命比台式机长等优点，所以，基于虚拟机的托管桌面可以减少对瘦客户机的维护，有助于降低桌面基础架构的总体拥有成本（TCO），延长硬件的生命周期，并可帮助公司加快对业务需求的响应速度。基于虚拟机的托管桌面如图 9-4 所示。

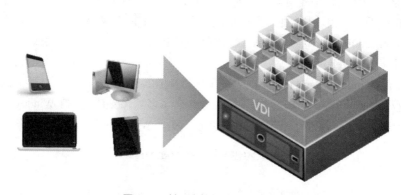

图 9-4　基于虚拟机的托管桌面

桌面标准化管理的 VDI 非常适合于向那些在分公司、呼叫中心和其他地点工作的固定职能员工提供经济高效的桌面服务。由于所有的虚拟桌面都位于一个中央位置，因此，更容易控制对机密数据的访问，并且可以严格控制办公环境的稳定性、标准化。即使桌面环境被破坏，也可以通过虚拟机模板重建功能实现瞬间恢复。轻松实现办公桌面环境和个人桌面环境的彻底分离，确保办公桌面环境的高质量维护。

托管桌面解决方案非常流行，但是这种方法在资源利用、灵活性和总体成本节约等方面的效率是最低的。

9.4　托管刀片工作站桌面

刀片服务器是一种更加集中的服务器类型，每个刀片的尺寸只有 1U 机架服务器的 1/2 甚至 1/3 大小，但处理器、芯片组、内存、I/O 操纵芯片、硬盘等主要部件一应俱全，存储、交流机模块、管理模块、散热风扇等部件集中到标准高度的机架机箱中，由所有刀片模块共享。如 IBM BladeCenter E 机箱可在 7U 空间容纳 14 个刀片，实现最佳安排密度。

托管刀片工作站桌面是桌面虚拟化的多种交付技术中的一种方式，将现有的整套桌面计算设备放到数据中心里面，前端只保留展现系统与瘦客户端，这种方式分配给每个用户一个专用的 CPU 节点和完整的软件包，是桌面虚拟化中性能最高的一种，也是整合比例较低的一种，只能有 1：1 的比例，而其他方式都能达到 5：1 甚至更高的整合效果。IBM 的刀片工作站 HC10，就采用了这样的整合方式，能够在提升数据的安全性、可靠性的同时，不降低用户的终端体验效果。

9.5　本地流桌面

计算机桌面是打开计算机登录后看到的主屏幕区域，它是用户工作的平面。一个完整的桌面包含以下三个部分：操作系统、应用程序、用户（包括用户数据和用户配置文件）。

传统桌面的这三个部分集中在一起，安全性不高，桌面虚拟化将这三个部分分离出来，所有的数据都集中到数据中心。由于桌面不在本地而是在后端服务器中，所以应用程序安装在操作系统中就意味着连同桌面一起的应用程序也在后端服务器。可见，虚拟桌面包含如下含义：桌面不是由本地操作系统生成，而是由后端的数据中心交付；虚拟桌面必定包含应用虚拟化，二者不可分割。因此，终端用户可以通过虚拟桌面来访问相关的应用程序。

桌面虚拟化中应用程序可以分成三种类型。

（1）安装：应用程序是桌面镜像的一部分。

（2）流：应用程序通过网络交付到虚拟桌面，不会影响本地的注册表。

（3）服务器托管：应用程序被安装在服务器端，通过网络协议来交付。

应用程序的整合决定了桌面虚拟化项目的成败，如果应用程序整合环节处理不好，会导致用户应用程序无法使用，或者使用体验不好。

本地流桌面（Streamed Desktop）是桌面虚拟化多种交付技术中的一种方式，是指操作系统和应用程序本地执行，但操作系统和应用程序（或只是应用程序）集中维护，终端用户的端点设备启动后，应用程序和操作系统都可以传送到客户机，根据用户需求下载部分软件，在客户机上执行这些程序。在这种情况下，使用本地桌面资源，从而减少了对数据中心物理服务器的资源需求。

在本地流桌面模式下，瘦客户端在启动的时候把最少需要的一部分操作系统从数据中心的服务器流到本地内存中，由于只是加载必须的操作系统，所以流的数据量不大，启动速度并不会比本地启动慢。在这种方式下，由于利用了瘦客户端的计算能力和内存，所以服务器的工作负载比较小，通常一台服务器上面可以驻留几百个用户。

这种方式利用的是客户终端的处理能力，而不是本地存储能力，故需要持续不断的网络连接。

优点：通常为最终用户提供更好的性能，因为图形或者其他应用可以在本地执行。

缺点：需要更强大的客户端硬件，降低了虚拟桌面的成本效益。在断开连接的时候不能工作。

9.6　基于虚拟机的本地桌面

基于虚拟机的本地桌面是在本地 PC 机系统中运行的虚拟桌面。

VMware 桌面虚拟化系列的解决方案中，有一套专门的解决方案 VMware Horizon FLEX。VMware Horizon FLEX 可为 IT 部门提供服务自带设备用户、Mac 用户、合同工及移动办公人员所需的灵活性，同时确保公司桌面安全、可控并且合规。Horizon FLEX 桌面如图 9-5 所示。

Horizon FLEX 提供集中控制，同时支持本地执行

集中控制
FLEX 策略管理服务器

本地工作效率
Horizon FLEX 客户端
（Mac 上的 Fusion Pro/PC 上的
Player Pro）

图9-5　Horizon FLEX 桌面

基于虚拟机的本地桌面具有以下优点。

（1）可以在企业中采用自带设备和 Mac 员工，可轻松地向他们提供统一的本地虚拟桌面。

（2）公司可以轻松授权、控制和保护虚拟桌面。

（3）随处皆可工作，即使在旅途中或未与网络连接时。VDI 产品对于网络的性能要求比较高，网络断开和延迟会使用户体验变得非常糟糕。而本地桌面在断网的情况下也可以获得丰富的桌面体验并确保工作效率。

9.7　主流桌面虚拟化软件

目前，主流桌面虚拟化软件有华为 FusionCloud 桌面云、VMware View，Citrix XenDesktop。

华为 FusionCloud 桌面云解决方案是基于华为云平台的一种虚拟桌面应用，通过在云平台上部署华为桌面云软件，使终端用户通过瘦客户端或者其他任何与网络相连的设备来访问跨平台的应用程序，以及整个客户桌面。华为桌面云解决方案涵盖云终端、云硬件、云软件、网络与安全，如图 9-6 所示。

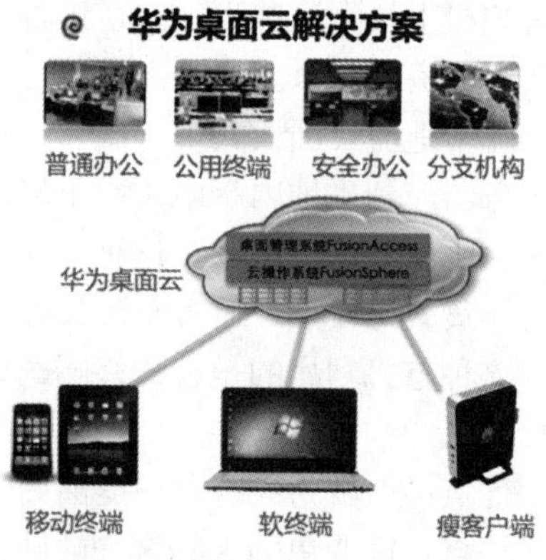

图9-6　华为桌面云

VMware View 桌面云解决方案，由 VMware 软件定义的数据中心提供支持，通过单一平台交付虚拟或托管桌面和应用，从而简化管理并降低成本。借助 vSphere，Horizon 客户可以享受到经验证的可扩展性、高可用性和最佳性能。NSX for Horizon 利用可跨不同基础架构、设备和位置动态跟随终端用户的安全策略，使 VDI 网络连接变得快速而简便。借助带有 vSAN 的 VMware 超融合软件，客户可以降低初始成本，并利用大量已针对 Horizon 优化的预配置设备。VMware View 云桌面如图 9-7 所示。

Citrix XenDesktop 是一套桌面虚拟化解决方案，可将 Windows 桌面和应用转变为一种按需服务，向任何地点、使用任何设备的任何用户交付。它不仅可以安全地向 PC、Mac、平板设备、智能电话、笔记本电脑和手机客户端交付单个 Windows、Web 和 SaaS 应用或整个虚拟桌面，而且可以为用户提供高清体验。Citrix XenDesktop 如图 9-8 所示。

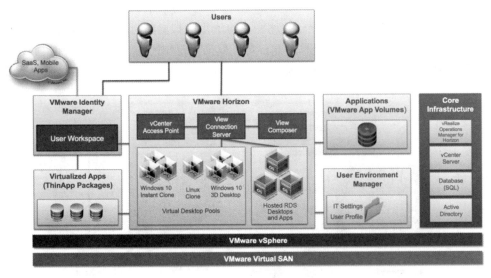

图 9-7　VMware View 桌面云

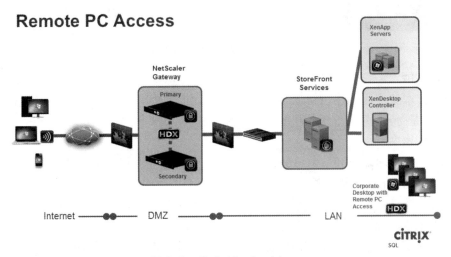

图 9-8　Citrix XenDesktop

前面介绍了目前主流的桌面云产品，包括 FusionCloud 桌面云、VMware View、Citrix XenDesktop 等。下面详细介绍 VMware View 的部署过程，给出一个桌面云部署的实例。

9.8　VMware View

9.8.1　VMware View 体系架构

VMware View 体系架构如图 9-9 所示。

View 的主要组件包括 View Composer、View Connection Server。

View 后台采用的是 vSphere for Desktop，即 vSphere 最高版本支持。vSphere 6.5 提供强大的服务器虚拟化功能，并有着众多的成功案例。作为虚拟桌面后端的支持，vSphere 提供了如下特性。

1. 可扩展性

每个管理单元可以支持 2000 个虚拟机，适合大型虚拟桌面的部署。VMotion 使系统运行更加快速高效，可缩短虚拟机的迁移时间；可以根据需要和优先级压缩和增加桌面，通过动态资源分配有利于服务器资源动态调配。

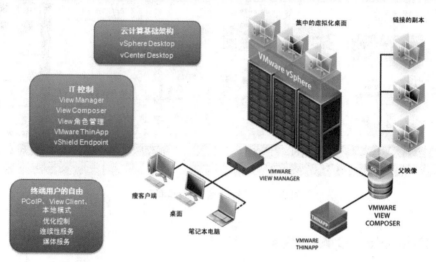

图 9-9　VMware View 体系架构

2. 高性能

vSphere 本身所具有的高性能，可以为虚拟桌面提供快速、稳定的平台，并通过其监控系统平台，掌握物理服务器、虚拟机的性能情况。

3. 最佳密度

增大了桌面虚拟机密度，8~10 个虚拟机/核，大大提高了每台服务器虚拟机的支持数量。

4. 高可用性和业务连接性

vSphere 针对桌面工作负载进行优化，如由于内存交换减少从而使得性能提高。

5. 灾难快速恢复

Data Recovery 以及 Storage VMotion 技术能充分保证虚拟桌面平台的安全。

6. 无须硬件加速的 3D 图形支持

无须专业显卡即可提供基本 3D 图形功能（包括 Direct-X，OpenGL，Google Earth，Windows 7 Aero，Office 2010 等）。

9.8.2　View Connection Server 的安装

View Connection Server 需要使用 Windows 系统，Windows 2008 R2 和 Windows 2012 R2 均可。准备好 View Connection Server 虚拟机系统之后，需要将该虚拟机加入活动目录域中，如图 9-10 所示。选择计算机，单击右键弹出快捷菜单，选择"属性"，在弹出界面中，在"计算机名称、域和工作组设置"中选择"更改配置"，在弹出界面中，选择"计算机名"→"更改"，在"计算机名"中输入计算机名，并配置域信息，如图 9-10 所示。

服务器添加到域服务器后，重启系统，然后挂载连接服务器安装包，以域账户"Lab01\administrator"登录，如图 9-11 所示。

登录后，为虚拟机选择 View Connection Server 安装包，并双击进行安装，如图 9-12 所示。

图 9-10 加入域环境

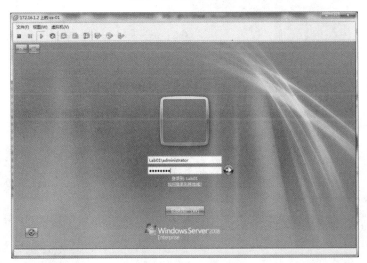

图 9-11 重启系统并登录

图 9-12 双击以安装 View Connection Server

进入安装界面，根据提示一步步完成安装，如图 9-13 所示。

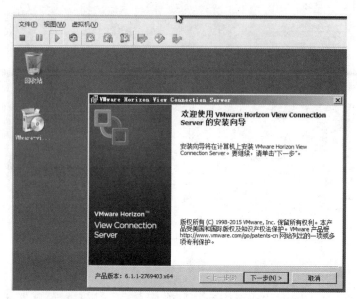

图 9-13　安装 View Connection Server

选择接受许可条款，并单击"下一步"按钮，如图 9-14 所示。

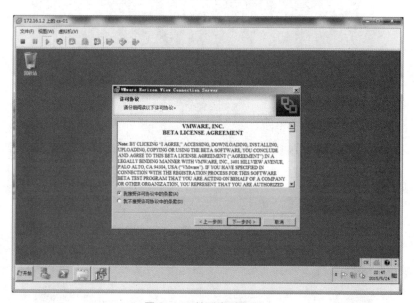

图 9-14　接受许可协议

目标文件夹按默认路径，单击"下一步"按钮，如图 9-15 所示。

进入下一个界面，选择 View 标准服务器，并勾选"安装 HTML Access"，单击"下一步"按钮，如图 9-16 所示。

配置连接服务器数据恢复密码，配置好后单击"下一步"按钮，如图 9-17 所示。

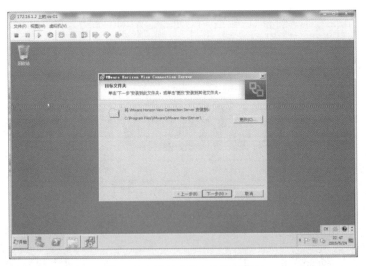

图 9-15 确认安装文件夹及路径

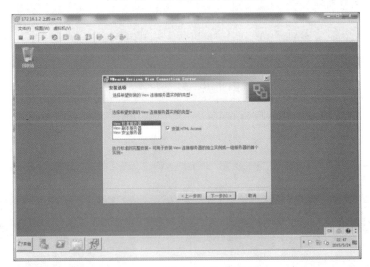

图 9-16 安装 View 标准服务器

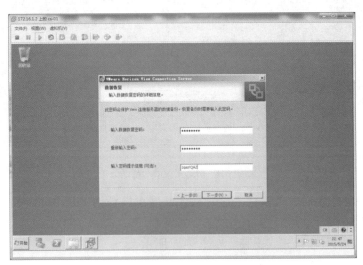

图 9-17 配置连接服务器数据恢复密码

进入防火墙配置界面，保持默认配置"自动配置 Windows 防火墙"，单击"下一步"按钮，如图 9-18 所示。

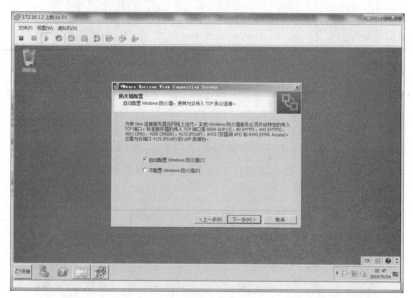

图 9-18　配置防火墙

配置 View 管理员，选择"授权特定的域用户或域组"，然后单击"下一步"按钮，如图 9-19 所示。

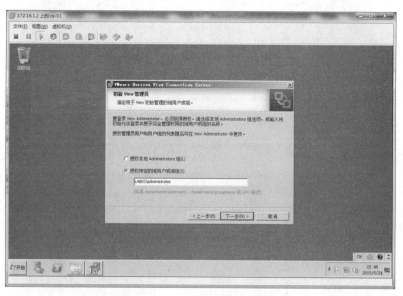

图 9-19　初始化 View 管理员

完成以上向导配置后，单击"安装"按钮，就可以开始进行 View Connection Server 的安装，如图 9-20 所示。

最后单击"结束"按钮完成安装，如图 9-21 所示。

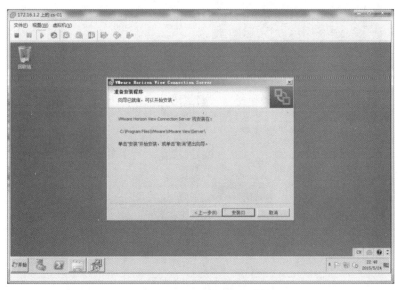

图 9-20 准备安装

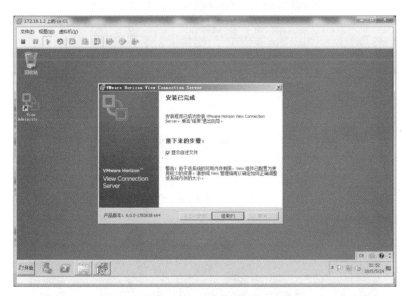

图 9-21 完成安装

9.8.3　View Composer 的安装

View Composer 的安装同样需要先准备好 Windows 系统，并且加入域环境中。加入活动目录域的方法类似于前面将虚拟机加入活动目录域的方法，这里不再详述。

在安装 View Composer 前，需要配置 ODBC 数据源。打开 ODBC 插件，如图 9-22 所示。

在打开的 ODBC 源管理器中，选择"系统 DSN"选项卡，单击"添加"按钮，如图 9-23 所示。

添加完成后就可以配置 ODBC 源，如图 9-24 所示。

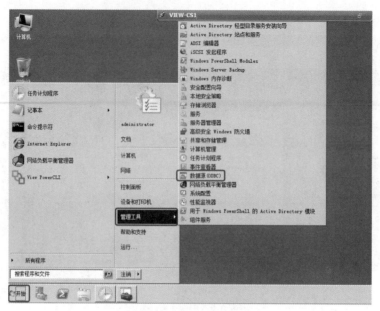

图 9-22　打开 ODBC 源

图 9-23　添加 ODBC 源

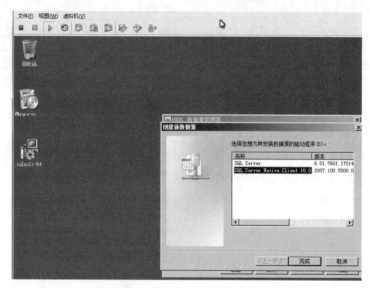

图 9-24　配置 ODBC 源

完成 ODBC 源配置之前，先进行数据库的连接测试，测试成功表示配置正确，如图 9-25 所示。

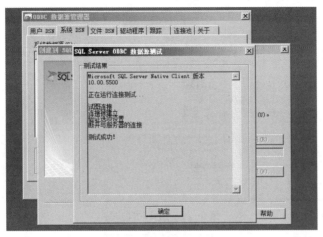

图 9-25　测试数据库连接

在安装 View Composer 之前，需要为系统安装.NET 3.5 插件，在服务器管理窗口界面单击"添加功能"，如图 9-26 所示。

图 9-26　添加功能界面

在"选择功能"窗口界面勾选相应的功能，如图 9-27 所示。

在"确认安装选择"窗口界面单击"安装"按钮安装该功能，如图 9-28 所示。

接着进行 View Composer 的安装（安装前需要把安装包挂载到系统，挂载的方法和前面讲过的挂载 View Connection Server 安装包的方法完全类似，这里不再详述），如图 9-29 所示。

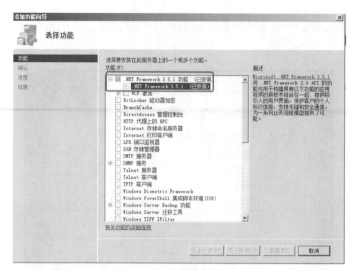

图 9-27　选择功能安装

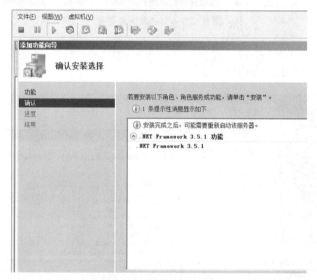

图 9-28　安装.NET 插件

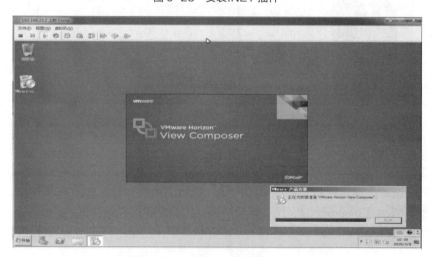

图 9-29　安装 View Composer

根据提示完成每一步的安装，填写之前已配置的 ODBC 源，如图 9-30 所示。

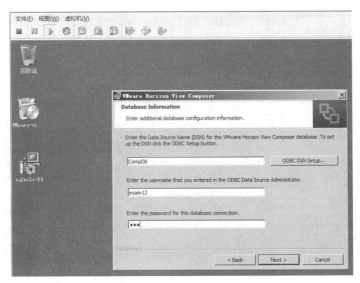

图 9-30　填写已配置的 ODBC 源

然后根据提示一步步完成安装过程，最后单击 "Finish" 按钮完成安装，如图 9-31 所示。

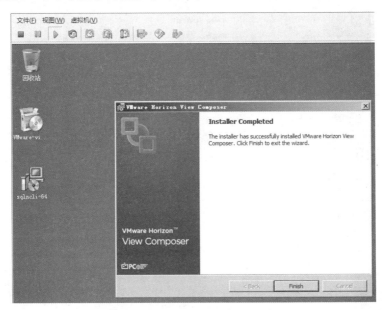

图 9-31　完成 View Composer 的安装

9.8.4　配置 View Administrator

View Connection Server 和 View Composer 安装完毕之后，接着配置 View Administrator。完成 View Administrator 的配置后，则桌面云的管理组件配置工作完成，可以进行桌面云的发布。

通过浏览器登录 View Administrator，如图 9-32 所示。

接着为 View Administrator 配置现有环境中的 vCenter Server 和已安装的 View Composer。需要输入服务器地址、用户名、密码、最大并发 vCenter 置备操作数量、最大并发电源操作数量、最大并发 View Composer 维护操作数量及最大并发 View Composer 置备操作数量等数据，如图 9-33 和图 9-34 所示。

图 9-32　登录 View Administrator

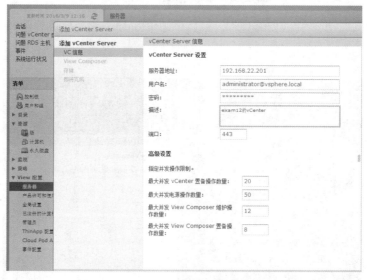

图 9-33　添加现有环境的 vCenter Server

图 9-34　添加已安装的 View Composer

完成了 vCenter Server 和 View Composer 的添加，接着就可以进行桌面源的准备和发布桌面云。选择"桌面池"→"添加桌面池"，选择"自动桌面池"，单击"下一步"按钮即可完成桌面云的发布，如图 9-35 所示。

图 9-35　发布云桌面

9.9　本章小结

本章介绍了虚拟终端的类型、共享桌面以及基于虚拟机的托管桌面、托管刀片工作站桌面、本地流桌面以及基于虚拟机的本地桌面等内容，并以 VMware View 的部署过程为例，给出一个桌面云部署的实例，介绍了 VMware View 管理组件的安装及桌面云的发布过程。

习题 9

一、选择题

（1）（多项选择）View Composer 数据库存储的信息与哪几个组成有关？_____
（A）Active Directory Connections
（B）Replicas created by the View Composer
（C）Disposable data disk created by View Composer
（D）Linked-clone desktops deployed by View Composer
（2）（多项选择）为了确保 Connection Server 和 Security Server 的通信，下面哪两个端口必须打开？_____
（A）4001　　　　　　　　　　　　（B）8443
（C）3389　　　　　　　　　　　　（D）8009
（3）（单项选择）链接克隆桌面池中，View Composer 规定每个桌面池所支持链接克隆虚拟机最大的数量为_____？

（A）512　　　　　　　　　　　　　（B）1024

（C）128　　　　　　　　　　　　　（D）256

（4）（单项选择）桌面管理员正在为 View Connection Server 静默添加副本实例，请问下列哪一项 MSI 属性将被用于标识作为副本的实例？_____

（A）ADAM_PRIMARY_INSTANCE

（B）ADAM_PRIMARY_NAME

（C）VDM_INSTANCE_NAME

（D）VDM_SERVER_INSTANCE

（5）（单项选择）桌面管理员在定制用户配置文件时，下列哪一项中，可以通过配置 Windows Roaming 实现，而不能通过配置 View Persona Managermet 实现？_____

（A）ADM Template　　　　　　　（B）Files and Folders

（C）Network Share　　　　　　　（D）Persona Repository

二、操作题

（1）部署 Connection Server，系统为 Windows 2008 R2，虚拟机配置内存为 4 GB，CPU 为 2*2C，磁盘为 40 GB。

（2）部署 Composer Server，系统为 Windows 2008 R2，虚拟机配置内存为 4 GB，CPU 为 2*2C，磁盘为 40 GB。

（3）登录 View Administrator，为 View Administrator 添加 vCenter Server 和 Composer Server。

学习目标

本章主要介绍虚拟网络和虚拟存储设备的应用，分别介绍了如何在 Windows Server 系统中进行"软件 VPN"服务器端和客户端的配置，如何实现虚拟网络 VLAN，包括标准 VLAN 原理、VMware 虚拟 VLAN 的配置实现和混合 VLAN 的原理，并比较了 SAN、VSAN、NAS 的异同，以及 IP-SAN（iSCSI）在 vSphere 平台下的配置实现。

（1）掌握虚拟专用网络 VPN 的部署与使用方法，包括硬件 VPN 和软件 VPN。

（2）掌握虚拟局域网（VLAN）的部署与使用方法，包括标准 VLAN、VMware VLAN 和混合 VLAN。

（3）掌握虚拟存储设备的配置与应用，包括 IP-SAN 在 vSphere 平台的挂载方法。

10.1 虚拟专用网络（VPN）

10.1.1 硬件 VPN

VPN 是企业网在因特网等公共网络上的延伸。VPN 通过一个私有通道来创建一个安全的私有连接，将远程用户、公司分支机构、公司的业务伙伴等跟企业网连接起来，形成一个扩展的公司企业网，如图 10-1 所示。

在通信协议分层中，网络层是可能实现端到端安全通信的最底层，它为所有应用层数据提供透明的安全防护，用户无须修改应用层协议。

基于 IPSec 的 VPN 解决方案能够解决以下问题。

（1）数据源身份认证：证实数据是所声称的发送者发出的。

（2）数据完整性：证实数据报文的内容在传输过程中没有被修改过，无论是被故意改动或者是发生了随机的传输错误。

（3）数据保密：隐藏明文的信息，通常靠加密来实现。

（4）重放攻击保护：保证攻击者不能截获数据报文，且稍后某个时间再发放数据报文。

（5）自动的密钥管理和安全关联管理：通过自动密钥管理，只需少量或根本不需要手工配置，就可以在扩展的网络上方便精准地实现公司的内部网络使用。

通过 VPN 进行数据加密传输，如图 10-2 所示。

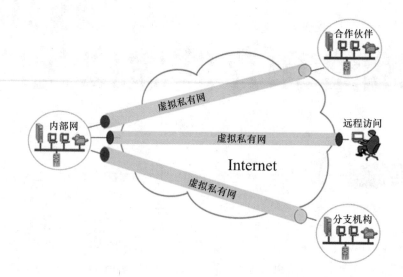

图 10-1　VPN 是企业网在因特网等公共网络上的延伸

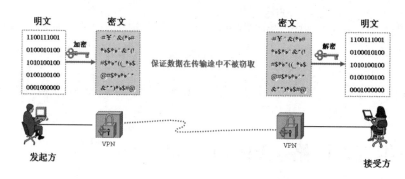

图 10-2　通过 VPN 数据加密传输

10.1.2　软件 VPN

以下介绍通过 Windows Server 操作系统自带的路由和远程访问功能来实现 NAT 共享上网和 VPN 网关的功能，实现在异地通过 VPN 客户端访问总部局域网各种服务器资源。

服务器硬件：双网卡，一块接外网，一块接局域网。在 Windows Server 2003 中 VPN 服务称为"路由和远程访问"，默认状态已经安装；只需对此服务进行必要的配置使其生效即可。

（1）关闭 Windows 防火墙和 Internet 共享服务，在"开始"→"程序"→"管理工具"→"服务"里面把 Windows Firewall/Internet Connection Sharing （ICS）停止，并设置启动类型为"禁用"，如图 10-3 所示。

（2）开启 VPN 和 NAT 服务。

① 依次选择"开始"→"程序"→"管理工具"→"路由和远程访问"，打开"路由和远程访问"服务窗口。再在窗口的左边右键单击本地计算机名，选择"配置并启用路由和远程访问"选项，如图 10-4 所示。

图 10-3　关闭 Windows 防火墙和 Internet 共享服务

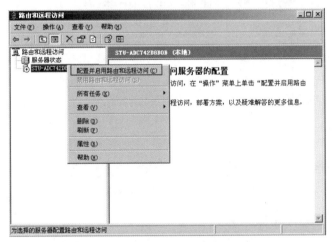

图 10-4　路由和远程访问

②　在弹出的"路由和远程访问服务器安装向导"中单击"下一步"按钮，进入"路由和远程访问服务器安装向导"的"配置"界面，如图 10-5 所示。

③　由于要实现 NAT 共享上网和 VPN 拨入服务器的功能，所以在"路由和远程访问服务器安装向导"的"配置"界面里选择"自定义配置"选项，然后单击"下一步"按钮，进入"自定义配置"界面。勾选"VPN 访问"和"NAT 和基本防火墙"复选框，如图 10-6 所示。

④　单击"下一步"按钮，在弹出的对话框中单击"完成"按钮，系统会提示是否启动服务，单击"是"按钮，系统会按刚才的配置启动路由和远程访问服务，如图 10-7 所示。

（3）配置 NAT 服务。

①　右键单击"NAT/基本防火墙"选项，选择"新增接口"选项，如图 10-8 所示。弹出"网络地址转换（NAT）的新接口"对话框，如图 10-9 所示。

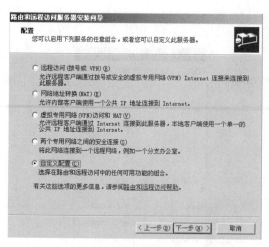

图 10-5 路由和远程访问服务器安装向导 图 10-6 自定义配置

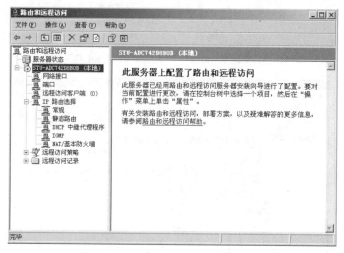

图 10-7 完成开启 VPN 和 NAT 服务

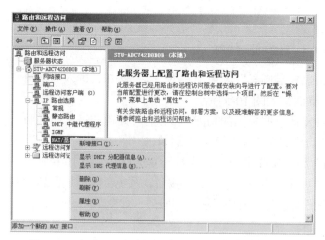

图 10-8 在 "NAT/基本防火墙" 选项选择 "新增接口" 图 10-9 "网络地址转换（NAT）的新接口" 对话框

② 在这里需要根据具体的网络环境选择连接 Internet 的接口，本例选择 "wan" 接口。单击 "确定" 按钮，弹出 "网络地址转换-wan 属性" 对话框。因为这个网卡是连接外网的，所以

选择"公用接口连接到 Internet"→"在此接口上启用 NAT"选项以及"在此接口上启用基本防火墙"选项，具体配置如图 10-10 所示。

③ 在图 10-10 所示的界面中，单击"服务和端口"选项卡设置服务器，允许对外提供 PPTP VPN 服务。在"服务和端口"选项卡勾选"VPN 网关（PPTP）"，单击"编辑"按钮，在弹出的"编辑服务"对话框中对"公用地址""专用地址"等进行配置，具体配置参数如图 10-11 所示。

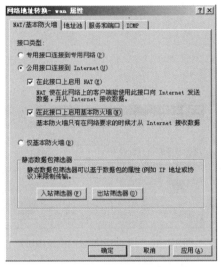

图 10-10 "wan"接口属性配置

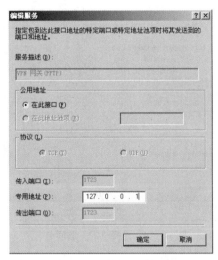

图 10-11 配置 VPN 网关服务

④ 配置完参数，单击"确定"按钮，回到"服务和端口"选项卡，勾选"VPN 网关（PPTP）"，如图 10-12 所示，单击"确定"按钮完成配置。

（4）设置 VPN 服务。

① 设置连接数。在"路由和远程访问"界面，右键单击左边树形目录里的"端口"选项，选择属性，弹出"端口 属性"对话框，如图 10-13 所示。

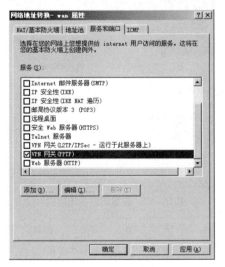

图 10-12 选择 VPN 网关

图 10-13 "端口 属性"对话框

双击"WAN 微型端口（PPTP）"选项，在弹出的对话框里根据需要设置所需的连接数，

Windows Server 2003 企业版最多支持 30000 个 L2TP 端口，16384 个 PPTP 端口。

② 设置 IP 地址。右键单击左边树形目录里的本地服务器名，选择"属性"并切换到"IP"选项卡，如图 10-14 所示。

选择"静态地址池"后单击"添加"按钮，根据需要接入数量任意添加一个地址范围，但是不要和本地 IP 地址冲突，然后单击"确定"按钮，如图 10-15 所示。

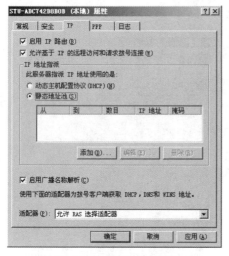

图 10-14　选择"IP"选项卡

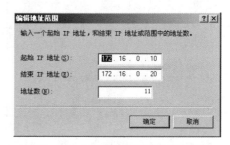

图 10-15　添加 IP 地址范围及地址数

（5）设置远程访问策略，允许指定用户拨入。

① 新建用户和组。依次选择"开始"→"程序"→"管理工具"→"计算机管理"，弹出"计算机管理"窗口，如图 10-16 所示。

选择"本地用户和组"，右键单击"用户"→"新用户"，对用户名和密码进行设置，如图 10-17 所示。

图 10-16　"计算机管理"窗口

图 10-17　设置用户名和密码

单击"创建"按钮，在弹出的"新建组"对话框中新增一个用户，输入"组名"，单击"添加"按钮，如图 10-18 所示。在弹出的"选择用户"对话框中，单击"高级"→"立即查找"，找到刚才建立的"test"用户，把它加入刚才建立的组，完成组的建立。

② 设置远程访问策略。在"路由和远程访问"窗口，右键单击左边树形目录中的"远程

访问策略"，选择"新建远程访问策略"，如图 10-19 所示。

图 10-18 新建组

图 10-19 新建远程访问策略

在弹出的对话框中单击"下一步"按钮，填入方便记忆的"策略名"，本例填入"vpn"，单击"下一步"按钮，如图 10-20 所示。

选择"VPN"选项，单击"下一步"按钮，然后在"新建远程访问策略向导"对话框中单击"添加"按钮，把刚才新建的组加入到这里，如图 10-21 所示。之后使用默认参数设置，依次单击"下一步"按钮，最后单击"完成"按钮，完成远程策略的设置。

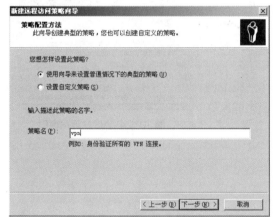

图 10-20 远程访问策略名

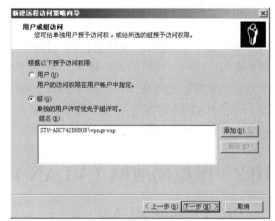

图 10-21 远程访问组

后面如果有新的用户要使用 VPN 服务，只需为该用户新建一个账号，并将其添加到刚才建立的"vpngroup"组就可以了。

（6）VPN 客户端配置。

在 VPN 客户端建立一个到 VPN 服务端的专用连接。

在桌面"网上邻居"图标上单击右键选择"属性"，在"属性"窗口双击"新建连接向导"，打开向导窗口后单击"下一步"按钮。接着在"网络连接类型"窗口选择"连接到我的工作场所的网络"，继续单击"下一步"按钮，在如图 10-22 所示的"网络连接"窗口里选择"虚拟专用网络连接"，接着单击"下一步"按钮。

在"VPN 服务器选择"窗口里，需要输入 VPN 服务端的固定内容，可以是固定 IP，也可以是动态域名，如图 10-23 所示。在接着出现的"可用连接"窗口保持"只是我使用"的默认选项。

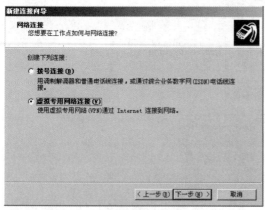

图 10-22　选择网络连接方式　　　　图 10-23　输入 VPN 服务器连接主机名或 IP 地址

最后，为方便操作，可以勾选"在桌面上建立快捷方式"选项，单击"完成"按钮即出现如图 10-24 所示的 VPN 连接窗口。

输入访问 VPN 服务端合法账户后的操作就跟"远程桌面"功能一样了，连接成功后在桌面右下角状态栏会有图标显示。

连接后的共享操作，一种办法是通过"网上邻居"查找 VPN 服务端共享目录，另一种办法是在浏览器里输入 VPN 服务端固定 IP 地址或动态域名，都可打开共享目录资源，这其实和在同一个局域网内的操作几乎没有区别。

到这里我们已经在 Windows Server 2003 操作系统上创建了一台 NAT 和 VPN 远程接入服务器，实现了公司或家庭共享上网和 VPN 远程接入访问本地局域网。

图 10-24　VPN 连接窗口

10.2　虚拟局域网（VLAN）

10.2.1　标准 VLAN

美国电气和电子工程师协会（IEEE）于 1999 年颁布了用以标准化 VLAN 实现方案的 802.1Q 协议标准草案。VLAN 是英文 Virtual Local Area Network 的缩写，即虚拟局域网。VLAN 是一种将局域网设备从逻辑上划分成一个个网段，从而实现虚拟工作组的新兴数据交换技术。

VLAN 除了具有能将网络划分为多个广播域，从而有效地控制广播风暴的发生，以及使网络的拓扑结构变得非常灵活的优点外，还可以用于控制网络中不同部门、不同站点之间的互相访问。物理位置不同的多个主机如果归属于同一个 VLAN，则这些主机之间可以相互通信。物理位置相同的多个主机如果属于不同的 VLAN，则这些主机之间不能直接通信。VLAN 通常在交换机或路由器上实现，通过在以太网帧中增加 VLAN 标签来给以太网帧分类，使具有相同 VLAN 标签的以太网帧在同一个广播域中传送。

10.2.2　VMware VLAN

VMware vSphere 系统的虚拟网络可为使用虚拟交换机的主机和虚拟机提供网络连接。虚拟网络架构如图 10-25 所示。

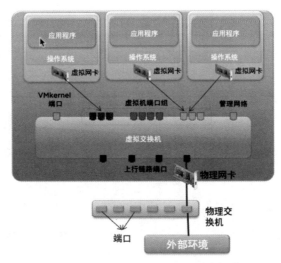

图 10-25　VMware vSphere 虚拟网络

选择 ESXi 主机，在右侧窗口选择"配置"页面，选择"网络"配置标签，可以查看虚拟网络配置。默认的标准虚拟交换机配置如图 10-26 所示。

图 10-26　默认的标准虚拟交换机配置

单击虚拟交换机 vSwitch0 的"属性"选项进入虚拟交换机配置页面，选择"vSwitch"编辑配置。根据需要，可以更改标准虚拟交换机上的端口数，如图 10-27 所示。

对于每个物理适配器，可以对虚拟交换机的工作模式进行配置，更改速度和双工设置。设置某些网卡和交换机组合的速度及双工的界面如图 10-28 所示。

ESXi 支持 802.1Q VLAN 标记功能。ESXi 通过为端口组指定 VLAN ID 提供 VLAN 支持，选择"VM Network 虚拟机端口组"编辑配置，可以设定端口组的 VLAN ID，配置界面如图 10-29 所示。

虚拟交换机标记是受支持的三种标记策略中的一种。来自虚拟机的数据包从虚拟交换机传出时，将添加相应的标记。当这些数据包返回虚拟机时，将取消对它们的标记，虚拟交换机 VLAN 示意图如图 10-30 所示。

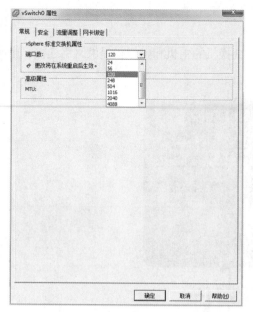

图 10-27 虚拟交换机端口配置

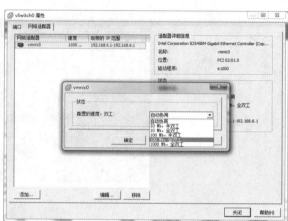

图 10-28 虚拟交换机工作模式配置

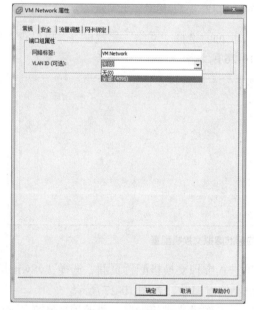

图 10-29 虚拟交换机 VLAN ID 配置

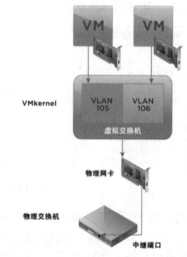

图 10-30 虚拟交换机 VLAN 示意图

10.2.3 混合 VLAN

混合 VLAN 是指 VLAN Trunk 技术（虚拟局域网中继技术），能让连接在不同交换机上的相同 VLAN 中的主机互通。VLAN Trunk 允许 VLAN 数据流在交换机间传输，所以即使设备在同一 VLAN，但连接到不同交换机，仍然能够不通过路由器来进行通信。

一个 VLAN Trunk 不属于某一特定 VLAN，而是交换机和路由器间多个 VLAN 的通道。如果交换机 1 的 VLAN1 中的机器要访问交换机 2 的 VLAN1 中的机器，可以把两台交换机的直连端口设置为 Trunk 端口，当交换机把数据包从级联口发出去的时候，会在数据包中做一个标记（TAG），以使其他交换机识别该数据包属于哪一个 VLAN，其他交换机收到这样一个数据包后，只会将该数据包转发到标记中指定的 VLAN，从而完成跨越交换机的 VLAN 内部数据传输。

10.3 SAN 和 VSAN

SAN 分为 FC-SAN 和 IP-SAN（iSCSI），二者同属 Block 协议的 SAN 架构，只不过前者通过光纤，后者通过 IP 传输数据。

VSAN 是一种以 vSphere 内核为基础进行开发、可扩展的分布式存储架构。VSAN 通过在 vSphere 集群主机当中安装闪存和硬盘来构建 VSAN 存储层。这些设备由 VSAN 进行控制和管理，VSAN 形成一个供 vSphere 集群使用的统一共享存储层。

下面以 IP-SAN（iSCSI）为例讲解 vSphere 平台的存储挂载过程。

（1）选择 ESXi 服务器"配置"菜单，选择"存储适配器"，单击右上角"添加"，弹出"添加存储适配器"对话框，单击"确定"按钮添加软件 iSCSI 适配器，如图 10-31 所示。

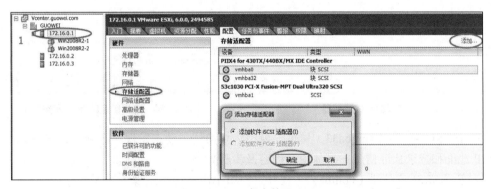

图 10-31 添加存储适配器

（2）选中第（1）步添加的 iSCSI 适配器，单击右键→选择"属性"，配置属性，如图 10-32 所示。

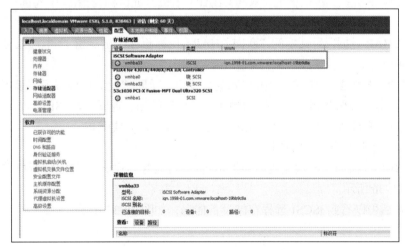

图 10-32 配置 iSCSI 适配器属性

（3）在"iSCSI 启动器（vmhba33）属性"窗口，单击"网络配置"选项卡，然后单击"添加"按钮，添加网络适配器，如图 10-33 所示。

在"与新 VMkernel 网络适配器绑定"窗口，选择一个"VMkernel"类型的网络适配器作为绑定的虚拟网络端口，然后单击"确定"按钮，如图 10-34 所示。

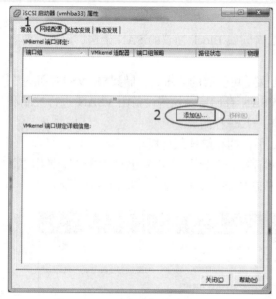

图 10-33　添加网络适配器　　　　　　图 10-34　选择绑定的虚拟网络端口

在"iSCSI 启动器（vmhba33）属性"窗口，切换到"动态发现"选项卡，填写 iSCSI 服务器 IP 地址和登录认证信息。具体填写内容及步骤如下：

① 在"iSCSI 启动器（vmhba33）属性"窗口单击"动态发现"选项卡；

② 在"动态发现"选项卡中单击"设置"按钮；

③ 在"发送目标服务器设置"对话框输入存储的 IP、端口；

④ 在"发送目标服务器设置"对话框单击"CHAP"按钮进入"CHAP 凭据"对话框；

⑤ 在"CHAP 凭据"对话框的"双向 CHAP（主机验证目标身份）"中勾选"从父项继承"复选框；

⑥ 在"CHAP 凭据"对话框的"双向 CHAP（目标验证主机身份）"中输入名称和密钥并勾选"从父项继承"复选框；

⑦ 在"CHAP 凭据"对话框单击"确定"按钮，返回"发送目标服务器设置"窗口；

⑧ 在"发送目标服务器设置"窗口单击"关闭"按钮，返回"iSCSI 启动器属性"窗口；

⑨ 在"iSCSI 启动器属性"窗口单击"关闭"按钮，完成配置。

以上整个配置过程如图 10-35 所示。

（4）iSCSI 启动器属性配置完成后会提示是否重新扫描适配器，如需重新扫描，单击"是"按钮，如图 10-36 所示。

扫描成功后可以看到 iSCSI 远程存储设备信息，如图 10-37 所示。

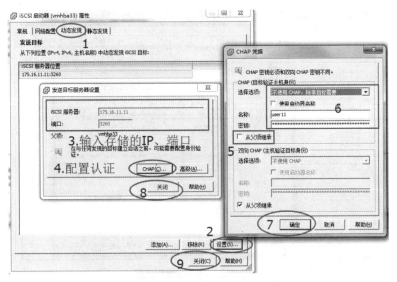

图 10-35　iSCSI 启动器属性配置

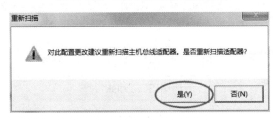

图 10-36　重新扫描适配器

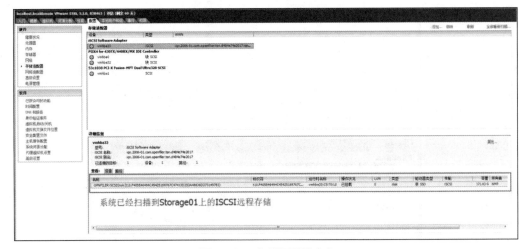

图 10-37　扫描适配器成功

（5）添加存储器。

① 选择 ESXi 主机，右侧窗口切换到"存储器"配置页面，单击"添加存储器"，存储器类型选择"磁盘/LUN"，然后单击"下一步"按钮，如图 10-38 所示。

② 进入"添加存储器"窗口，选中第（4）步扫描到的 iSCSI disk 设备，然后单击"下一步"按钮，如图 10-39 所示。

③ 在"添加存储器"→"当前磁盘布局"窗口确认当前磁盘布局，如图 10-40 所示。

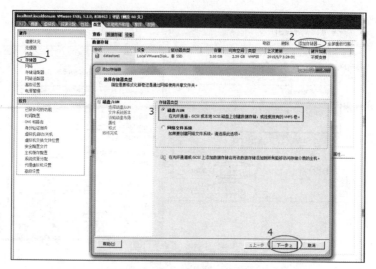

图 10-38　存储器类型选择

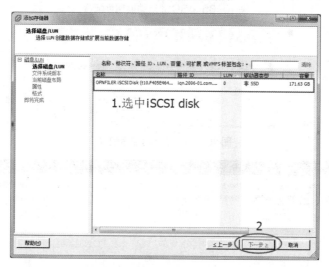

图 10-39　选择 iSCSI　disk 设备

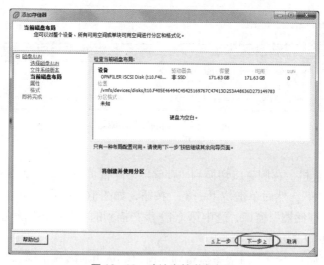

图 10-40　确认当前磁盘布局

④ 输入数据存储名称，单击"下一步"按钮，如图 10-41 所示。

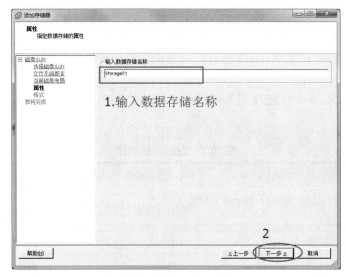

图 10-41　输入数据存储名称

⑤ 配置磁盘容量等数据，如图 10-42 所示。

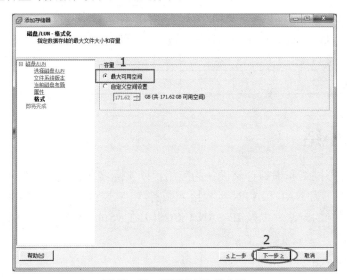

图 10-42　配置数据存储容量

完成以上添加步骤后，可以看到如图 10-43 所示的 iSCSI 存储设备，表明数据存储已经添加成功。

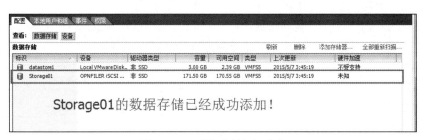

图 10-43　数据存储添加成功

10.4 NAS

SAN 与 NAS 经常容易发生混淆，实际上 NAS 与 SAN 是架构完全不同的存储方案，前者支持 File 协议，而后者则支持 Block 协议。SAN 的精髓在于分享存储设备，NAS 则在于分享数据文件。

读者可以通过表 10-1 列出的"技术指标"对比 FC-SAN、IP-SAN（iSCSI）和 NAS 之间的异同。

表 10-1　数据存储对比

技术指标	FC-SAN	IP-SAN（iSCSI）	NAS
技术接口	光纤通道（Fiber Channel）传输数据	IP 网络传输数据	IP 网络传输数据
传输协议	Block 协议	Block 协议	File 协议
传输速度	最快	次之	最慢
传输距离	很远	无限制	无限制
资源共享	存储资源	存储资源	数据文件
管理成本	独立于一般网络系统架构，需由 FC 供货商分别提供专属管理工具软件	采用 IP 网络成熟架构，建置、管理或维护都比较成熟	采用 IP 网络成熟架构，建置、管理或维护都比较成熟
建设成本	高	低	低

10.5 本章小结

本章介绍了虚拟网络和虚拟存储设备的应用，以实际案例讲述了如何用 Windows Server 2003 操作系统创建一台 NAT 和 VPN 远程接入服务器，实现公司或家庭共享上网和 VPN 远程接入访问本地局域网的方法，以及 IP-SAN（iSCSI）在 vSphere 平台下的配置实现。

习题 10

一、选择题

（1）（多项选择）基于 IPSec 的 VPN 解决方案能够解决以下哪些问题？_____
（A）数据源身份认证　　　　　　　（B）数据保密
（C）自动的密钥管理和安全关联管理　　（D）增强防火墙安全性
（2）（单项选择）使用串行传输方式的硬盘接口不包括以下哪个？_____
（A）SAS　　　　　　　　　　　　（B）FC
（C）SATA　　　　　　　　　　　（D）SCSI
（3）（单项选择）磁盘阵列中映射给主机使用的通用存储空间单元被称为_____，它是在 RAID 的基础上创建的逻辑空间。

（A）LUN   （B）RAID

（C）硬盘   （D）磁盘阵列

（4）（单项选择）主机访问存储路径顺序为_____。

（A）文件系统-应用系统-卷-I/O 子系统-RAID 控制器-磁盘

（B）应用系统-文件系统-卷-I/O 子系统-RAID 控制器-磁盘

（C）应用系统-文件系统-I/O 子系统-卷-RAID 控制器-磁盘

（D）应用系统-文件系统-卷-RAID 控制器-I/O 子系统-磁盘

二、简答题

（1）远程存储（如 IP-SAN，iSCSI）又称为集中式存储、共享式存储。请问远程存储和本地存储之间的区别是什么？什么样的场合下系统建议配置使用远程存储？

（2）简述 VPN 虚拟专用网在企业中能够发挥哪些作用。

（3）简述 FC-SAN、IP-SAN（iSCSI）和 NAS 之间的异同。

三、操作题

（1）通过 Windows Server 操作系统自带的路由和远程访问功能来实现 NAT 共享上网和 VPN 网关的功能，实现在异地通过 VPN 客户端访问总部局域网各种服务器资源。

（2）在 VMware vSphere 平台挂载 IP-SAN（iSCSI）存储设备，并添加为 ESXi 主机的存储器。

Chapter 11 第 11 章
虚拟化架构规划实战

本章以国内某企业数据中心的建设升级作为案例，详细给出一个 VMware 虚拟化架构规划实战方案。

掌握虚拟化架构规划的需求分析及设计选型的一般方法，能够针对具体项目需求给出虚拟化架构规划实施方案。

11.1 项目背景

不断增长的业务对 IT 部门的要求越来越高，所以数据中心需要更为快速地满足业务部门的具体需求。如果不断购买新的服务器，又会增加采购成本和运维成本，而且还会带来更多供电和冷却的开支。同时，现有服务器还没有得到充分利用，这导致了大量硬件、空间以及电力的浪费。而且由于应用程序的兼容性问题，IT 人员只能通过在不同场所的不同服务器中分别运行应用的方式，将应用程序隔离起来，这就会造成服务器数量的不断增长。另外，对于新业务系统平台的供应和已有数据的迁移，往往需要消耗大量宝贵的资源和时间。

从 IT 管理员的角度来看，推动虚拟化技术发展的主要动力是基础架构设施的迅猛增长，而硬件部署模式又进一步加剧了基础架构的复杂程度。应用越来越多，也越来越复杂，因此就变得更加难以管理、更新和维护。用户希望能采用各种桌面设备、笔记本电脑、家用计算机和移动设备来进行工作。随着图形和多媒体的发展，数据也变得越来越丰富，文件的平均大小也在不断上升，要求不间断地在线存储。纵观整个数据中心，技术不断增多，分布也越来越广，另外，业界和法律法规也在不断要求企业加强 IT 管理控制。

在这种环境下，虚拟化技术就体现了整合的优势。

从安全监督来看，虚拟化技术提升了 x86 服务器的可靠性、可用性，从基础架构层面获得了原先单机系统无法想象的功能，大大提高了业务连续性的级别，降低了故障率、减少了系统宕机的时间。

从服务器的角度来看，虚拟化技术让每台设备都能托管多套操作系统，最大化了利用率，降低了服务器数量。

从存储的角度来看，虚拟化技术可网络化、整合磁盘设备，并让多个服务器共享磁盘设备，从而提高了利用率。

从应用的角度来看，虚拟化技术将应用计算从用户设备中分离出来，并在数据中心对应用及相关数据进行整合，通过集中化技术改善了管理和系统的安全性。

　　某客户作为国内制造型企业，信息化建设不断发展。目前企业信息化网络以信息中心为运营维护单位，业务范围覆盖人力资源、市场计费、资产管理、邮件、OA、SQL 数据库、Web 服务、系统出单、收付等多套系统，服务器资源庞大。出于经济效益和管理安全性考虑，针对基础架构的虚拟化整合已势在必行。

11.2　需求分析

　　该制造型企业准备在外地开设一个新的分公司，员工数量为 150～200 人。由于日常办公以及业务需要，拟搭建多种应用服务，例如，人力资源、市场计费、资产管理、邮件、OA、SQL 数据库、Web 服务、系统出单、收付等系统，这些应用系统主要采用 Windows 和 Linux 服务器予以支持。根据上述需求，可以看出，此项目属于典型的中小企业 IT 应用模式。根据成本预算和应用服务采购相应的服务器、网络设备，配置、调试完成后，经过一段时间的试运行，如果没有问题即可正式投入使用。

11.3　设计选型

　　在需求分析中提到采购服务器，实际上无论是使用传统方案还是虚拟化方案，都会涉及采购服务器，具体差异如下。

1．传统方案

　　根据企业背景以及需求，需要考虑以下几个方面的问题来决定服务器、存储、网络等设备的数量。

　　（1）应用系统的数量。

　　（2）应用系统的资源使用情况。

　　（3）应用系统的安全性和可扩展情况。

　　使用传统方案，一般来说一台物理服务器提供单一服务，即一台物理服务器一般只运行一个业务系统。根据需求分析，大约需要 10 台服务器。

2．虚拟化方案

　　虚拟化方案是根据传统方案计算而产生的，具体规划如下。

　　（1）将应用平台所需要的物理服务器转换为虚拟服务器，虚拟机数量为 10 台。

　　（2）使用主流 Intel Xeon E5 的 CPU，每台物理服务器 2 个，配置 32 GB 内存，运行 ESXi 6.0 系统，按照标准的物理服务器到虚拟服务器换算比例 1∶8 计算，每台物理服务器可以运行 8 台虚拟服务器，因此，只需配置 2 台物理服务器即可。考虑冗余和扩展性，建议配置 3 台物理服务器。

　　通过上述计算，可以清楚地看出在服务器资源利用上比起传统的架构方案，采用虚拟化方案有绝对优势，大大降低了初期成本，同时在高级服务提供上也比传统方案有优势。下面采用虚拟化方案来规划具体实施方案。

11.4　实施方案

　　本案例采用 VMware 虚拟化方案，IT 整体架构如图 11-1 所示。

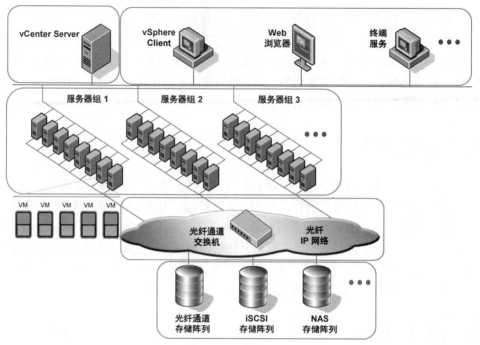

图 11-1　IT 整体架构

11.4.1　计算资源规划

虚拟机上运行着为各个用户和整个业务线提供支持的应用与服务，其中有很多都是关键业务应用，因此，用户必须正确设计、调配和管理虚拟机，以确保这些应用与服务能够高效运行。

VMware ESXi 主机是数据中心的基本计算构造块，这些主机资源聚合起来可构建高可用动态资源池环境，作为数据中心各应用的整体计算资源。

1．指导原则与最佳实践

（1）除非确实需要多个虚拟 CPU（vCPU），否则默认配置一个，使用尽可能少的虚拟 CPU。操作系统必须支持对称多处理（SMP）功能，应用必须是多线程的，才能受益于多个虚拟 CPU。虚拟 CPU 的数量不得超过主机上物理 CPU 核心（或超线程）的数量。

（2）不要规划使用主机的所有 CPU 或内存资源，在设计中保留一些可用资源。要实现虚拟机内存性能最优化，关键是在物理 RAM 中保留虚拟机的活动内存，应避免过量分配活动内存。

（3）始终将透明页共享保持启用状态，始终加载 VMware Tools 并启用内存释放。

（4）资源池 CPU 和内存份额设置不能用于配置虚拟机优先级。资源池可用于为虚拟机分配专用 CPU 和内存资源。

（5）在工作负载极易变化的环境中配置 vSphere DPM，以降低能耗和散热成本。

（6）部署一个系统磁盘和一个单独的应用数据磁盘。如果系统磁盘和数据磁盘需要相同的 I/O 特征（RAID 级别、存储带宽和延迟），应将它们一起放置在一个数据存储中。

（7）应用要求应作为向虚拟机分配资源的主要指标。使用默认设置部署虚拟机，明确采用其他配置的情况除外。

（8）像保护物理机一样保护虚拟机的安全。确保为虚拟基础架构中的每个虚拟机启用了防病毒、反间谍软件，入侵检测和防火墙。确保随时更新所有的安全保护措施。应用合适的最新补丁，要将虚拟机软件和应用保持在最新状态，应使用补丁程序管理工具，或者安装和配置 Update Manager。

（9）为避免管理连接问题，应向每个 ESXi 主机分配静态 IP 地址和主机名。为便于管理，应为 DNS 配置每个 ESXi 主机的主机名和 IP 地址。

（10）确保数据中心有足够的电源和散热容量以避免服务中断。

（11）无论选择了哪个硬件平台，都应设计一致的平台配置，特别是在 VMware 集群中。一致性包括 CPU 类型、内存容量和内存插槽分配、网卡和主机总线适配器类型，以及 PCI 插槽分配。

（12）使用一个或多个启用了 vSphere HA 和 DRS 的集群，以增加可用性和可扩展性。

（13）使用横向扩展还是纵向扩展集群由集群用途、基础架构规模、vSphere 限制以及资金和运营成本等因素确定。

2．ESXi 主机选购

通过上面的分析，对于该企业来说，考虑实施负载均衡、故障切换等高级功能，建议配置 3 台物理服务器。在本设计案例中，基于中小企业成本考虑，推荐配置及功能相当于华为 FusionServer RH2288H V3 的机架服务器。FusionServer RH2288H V3 是华为全新一代高性能 2U 双路机架服务器，凭借高效设计在确保卓越计算性能的同时，支持超大容量本地存储，轻松应对数据快速增长，提供灵活、强大的资源扩展能力，适用于互联网、大数据、企业关键应用、云计算、HPC、电信业务等广泛应用，如图 11-2 所示。

FusionServer RH2288H V3

图 11-2　华为 FusionServer RH2288H V3 机架服务器

CPU 配置：对于中小企业来说，基于成本考虑，强烈推荐配置主流双路至强 E5 CPU。如果对性能有较高要求，建议配置 4 路至强 E5 CPU 或更高的机架式/刀片服务器。

内存配置：ESXi 主机对内存的配置是基于 CPU 得来的，以主流双路至强 E5 CPU 来计算，运行 8 个左右的虚拟服务器，每台服务器平均配置 2 GB 内存，那么需要的内存数量为 20 GB，考虑性能及冗余，建议配置 32 GB 以上内存。

网卡配置：目前服务器都在主板上集成了 2 个以上的千兆以太网卡，以华为 FusionServer RH2288H V3 服务器为例，可选配 2 个或 4 个 GE 接口，或 2 个 10 GE 接口，或 2 个 56 G FDR IB 接口。

对于生产环境，推荐使用带 TOE（TCP Offload Engine，TCP 卸载引擎）功能的千兆以太网卡，这样会大大减少 iSCSI 传输对于 CPU 产生的负载。如果成本允许，推荐使用万兆以太网卡以及万兆的交换机。

3．ESXi 主机网络设计

目前主流的办公网络可以达到千兆，不少数据中心网络已升级为万兆。网络在虚拟化架构中属于核心之一，ESXi 主机所有的流量全部依赖于网络，网络设计的不合理会严重影响整个虚拟化架构的运行。

一台典型的 ESXi 主机会配置 6 个千兆以太网口连接到核心交换机。针对典型配置，本案例做一些调整，推荐配置 ESXi 主机 12 个千兆以太网口，具体分配如下。

VM 流量：配置 4 个千兆以太网口。在 ESXi 主机上面运行的是各种虚拟服务器，提供的所有服务均依赖于网络传输，4 个千兆以太网口捆绑不但可以为虚拟服务器提供总带宽 4 GB 的传输速率，同时还可提供冗余功能。

iSCSI 存储流量：配置 4 个千兆以太网口。iSCSI 存储流量属于核心流量，存储性能会影响到整体运行。对于中小企业来说，一般不会采用专业的硬件级 iSCSI HBA，而是采用软件 iSCSI 方式连接。但需要注意的是，软件 iSCSI 连接方式会占用大量的 CPU 资源。所以，在选择网卡的时候，一定要选择带 TOE 功能的千兆网卡。TOE 技术对于 TCP/IP 堆栈进行了软件扩展，使部分 TCP/IP 功能调用从 CPU 转移到了网卡上集成的 TOE 硬件，它把网络数据流量的处理工作全部转到网卡上的集成硬件中进行，CPU 只承担 TCP/IP 控制信息的处理任务，从而有效降低了 CPU 负载。

vMotion 流量：配置 2 个千兆以太网口。vMotion 流量主要在迁移的时候使用，官方推荐至少使用 2 张千兆网卡，使用一张会出现报警提示。一般来说，如果配置了 DRS，ESXi 主机负载高的时候会自动进行迁移，或者对 ESXi 主机进行维护也需要迁移，配置 2 个千兆以太网口能够满足日常需求。

FT/管理流量：配置 2 个千兆以太网口。FT 高级特性由于只能使用一个虚拟 CPU，在实际部署中使用有限，更多的是运行管理流量，配置 2 个千兆以太网口能够满足管理需求，同时提供冗余功能。

11.4.2　存储资源规划

正确的存储设计对组织实现其业务目标有着积极的影响，可以为性能良好的虚拟数据中心奠定基础。它可以保护数据免受恶意或者意外破坏的影响，同时防止未经授权的用户访问数据。存储设计必须经过合理优化，以满足应用、服务、管理员和用户的多样性需求。

存储资源规划的目标是战略性地协调业务应用与存储基础架构，以降低成本、改善性能、提高可用性、提供安全性并增强功能，同时将应用数据分配到相应的存储层。

1．指导原则与最佳实践

在规划存储资源时，本案例遵循如下指导原则与最佳实践。

（1）构建模块化存储解决方案，该方案可随时间推移不断扩展，以满足组织的需求，用户无须替换现有的存储基础架构。在模块化存储解决方案中，应同时考虑容量和性能。

（2）每个存储层具有不同的性能、容量和可用性特征，只要不是每个应用都需要昂贵、高性能、高度可用的存储，设计不同的存储层将十分经济高效。

（3）配置存储多路径功能，配置主机、交换机和存储阵列级别的冗余以便提高可用性、可扩展性和性能。

（4）允许集群中的所有主机访问相同的数据存储。

（5）启用 VMware vSphere Storage APIs - Array Integration （VAAI）与存储 I/O 控制。配置存储 DRS 以根据使用和延迟进行平衡。

（6）根据 SLA、工作负载和成本在 vSphere 中创建多个存储配置文件，并将存储配置文件与相应的提供商虚拟数据中心对应起来。

（7）对于光纤通道、NFS 和 iSCSI 存储，可对存储进行相应设计，以降低延迟并提高可用性。对于每秒要处理大量事务的工作负载来说，将工作负载分配到不同位置尤其重要（如数据采集或事务日志记录系统）。通过减少存储路径中的跃点数量来降低延迟。

（8）NFS 存储的最大容量取决于阵列供应商。单个 NFS 数据存储的容量取决于将访问数据存储的每个虚拟机所需的空间，乘以在延迟可接受的情况下可以访问数据存储的虚拟机数量。考虑将存储 DRS 配置为使其成员数据存储的使用量保持在 80%（默认设置）的均衡水平。

（9）单个 VMFS 数据存储的容量取决于将访问数据存储的每个虚拟机所需的空间，乘以在延迟可接受的情况下可以访问数据存储的虚拟机数量。考虑配置存储 DRS，使数据存储使用量保持在 80% 的均衡水平。保留 10%~20% 的额外容量，用于容纳快照、交换文件和日志文件。

（10）为促进对 iSCSI 资源的稳定访问，应该为 iSCSI 启动器和目标配置静态 IP 地址。

（11）对于基于 IP 的存储，应使用单独的专用网络或 VLAN 以隔离存储流量，避免与其他流量类型争用资源，从而可以降低延迟并提高性能。

（12）根据可用性要求选择一个 RAID 级别，对大多数虚拟机工作负载而言，如果阵列具有足够的电池供电缓存，RAID 级别对性能不会产生影响。

（13）对于大多数应用，除非存在对 RDM 的特定需求，否则请使用 VMDK 磁盘。

2．存储的选择

在本设计案例中，推荐配置及功能相当于华为 OceanStor 5300/5500/5600/5800 V3 系列 iSCSI 存储服务器或威联通 NAS。

华为 OceanStor 5300/5500/5600/5800 V3 存储系统是基于融合理念，面向闪存优化设计的统一存储产品，满足云时代对存储系统更高性能、更低延时、更加弹性的需求。在全闪存配置时能够达到小于 1 ms 的低时延，并创新性地兼具 SAN 和 NAS 一体化、多控、双活等能力。支持 16 Gbit/s FC、56 Gbit/sIB、PCI-E3.0、12 Gbit/sSAS、智能\IO 卡。满足大型数据库 OLTP/OLAP、文件共享、云计算等数据存储需求。华为 OceanStor 5300/5500/5600/5800 V3 如图 11-3 所示。

威联通 NAS 存储是一款企业级网络存储，具体配置为：

- 接口 2 个 Gigabit RJ-45 网络接口，2 个 USB 3.0，3 个 USB 2.0，2 个 eSATA 接口，1 个 HDMI，1 个音源输出，1 个扩充接口。
- 传输速度 10/100/1000 Mbit/s；
- 硬盘盘位 4 个；
- 硬盘容量 4 TB；
- 支持热插拔；
- 最大存储容量 16 TB。

系统管理 Web GUI 用户管理界面，支持多国语言（英语、简体中文、繁体中文、德语、法语、意大利语、西班牙语、日语、韩语等）；网络唤醒远程开机，定时/计划开机与关机；提供短信与 E-mail 通知系统事件，随时掌握 NAS 最新状况；支持 SNMP 接收 NAS 的事件记录及实时监控系统信息；图形化显示 NAS 的 CPU、内存。

网络传输协议 CIFS/SMB，AFP（3.2），NFS（v3），FTPS，WebDAV，HTTP，HTTPS，Telnet，SSH，iSCSI，SNMP，SMTP，SMSC。

网站浏览器支持 Microsoft Internet Explorer 10、Mozilla Firefox 8+、Apple Safari 4+、Google Chrome。

处理器 Intel Core i3-3220 3.3 GHz 双核心处理器。

产品内存 DRAM 内存：2 GB DDR3 RAM，最大支持 16 GB、Flash 内存：512 MB。

系统支持 Microsoft Windows 2000，XP，Vista(32/64 bit)，Windows 7(32/64 bit)，Windows Server 2003/2008、Apple Mac OS X、Linux、UNIX。

安全认证 CE，FCC，BSMI，C-Tick，RoHS Compliant。

产品电源 AC 100-240V，50-60 Hz，功率 250 W。

其他性能 RAID 支持：Single Disk、JBOD、RAID 0，1，5，6，10，5+ Hot Spare。

威联通 NAS 如图 11-4 所示。

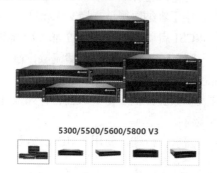

图 11-3　华为 OceanStor 5300/5500/5600/5800 V3

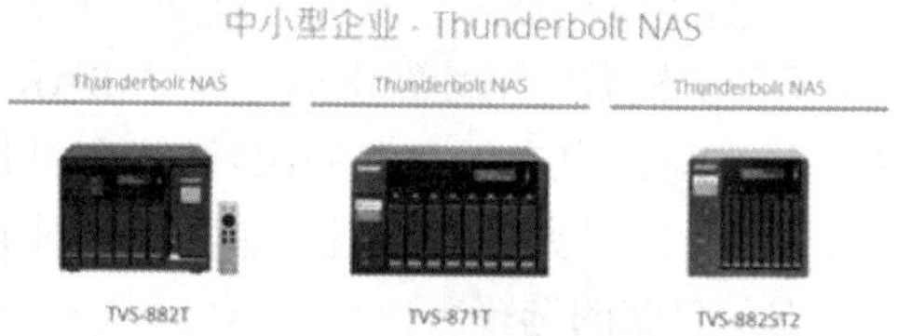

图 11-4　威联通 NAS 存储

以上存储都支持千兆以太网连接，华为 OceanStor 5300/5500/5600/5800 V3 系列更是支持万兆以太网连接。中小企业可以根据自己目前的业务规模，同时考虑以后的可扩展性来进行选择。

11.4.3　网络资源规划

正确的网络设计对组织实现其业务目标有着积极的影响，它可确保经过授权的用户能够及时访问业务数据，同时防止未经授权的用户访问数据。网络设计必须经过合理优化，以满足应用、服务、存储、管理员和用户的各种需求。

网络资源规划的目标是设计一种能降低成本、改善性能、提高可用性、提供安全性，以及增强功能的虚拟网络基础架构，该架构能够更顺畅地在应用、存储、用户和管理员之间传递数据。

下面将根据客户的生产环境，对网络资源进行整体规划，包括虚拟交换机、网卡绑定等。

在规划网络设计时，主要从连接要求、带宽要求、延迟要求、可用性要求和成本要求等几个方面进行综合考量并进行相关设计。

1．指导原则与最佳实践

在规划网络资源时，一般会遵循如下指导原则与最佳实践。

（1）构建模块化网络解决方案，该方案可随时间推移不断扩展以满足组织需求，使得用户无须替换现有的网络基础架构，进而降低成本。

（2）为了减少资源争用和增强安全性，应该按照流量类型，vSphere 管理网络（HA 心跳互联网络）、vMotion 在线迁移网络、虚拟机对外提供服务的网络、FT、IP 存储，对网络流量进行逻辑分离。

（3）VLAN 可减少所需网络端口和电缆数量，但需要得到物理网络基础架构的支持。

（4）首选分布式交换机，并尽可能少配置虚拟交换机。对于每一台虚拟交换机 vSwitch

応该配置至少两个上行链路物理网络端口。

（5）可以在不影响虚拟机或在交换机后端运行的网络服务的前提下，向标准或分布式交换机添加或从中移除网络适配器。如果移除所有正在运行的硬件，虚拟机仍可互相通信。如果保留一个网络适配器原封不动，则所有虚拟机仍然可以与物理网络相连。

（6）连接到同一 vSphere 标准交换机或分布式交换机的每个物理网络适配器还应该连接到同一物理网络。将所有 VMkernel 网络适配器配置为相同 MTU。

（7）实施网络组件和路径冗余，以支持可用性和负载分配。

（8）使用具有活动/备用端口配置的网卡绑定，以减少所需端口的数量，同时保持冗余。

（9）对于多网口的冗余配置应该遵循配置在不同 PCI 插槽间的物理网卡之间。

（10）对于物理交换网络也应该进行相应的冗余设置，避免单点故障。建议采用千兆以太网交换网络，避免网络瓶颈。

（11）对吞吐量和并发网络带宽有较高使用要求的情况，可以考虑采用 10 GbE，不过采用万兆网络在适配器和交换机上的投入成本也会相应增加。简单的方法是通过在虚拟机网络 vSwitch 或 vPortGroup 上对多块 1 GbE 端口捆绑负载均衡实现。

（12）将直通设备与 Linux 内核 2.6.20 或更低版本配合使用时，避免使用 MSI 和 MSI-X 模式，因为这会明显影响性能。

（13）为了保护大部分敏感的虚拟机，要在虚拟机中部署防火墙，以便在带有上行链路（连接物理网络）的虚拟网络和无上行链路的纯虚拟网络之间路由。

2．交换机选型

对于与 ESXi 主机连接的交换机，本案例定义为核心交换机。每台交换机具有 24 个以上千兆端口，数量根据 ESXi 主机数量进行配置，推荐配置和功能相当于华为 S5720-EI 系列增强型千兆以太交换机。华为 S5720-EI 系列为下一代增强型千兆以太网交换机提供灵活的全千兆接入以及增强的万兆上行端口扩展能力，并采用先进的前后风道及电源冗余设计。该系列交换机基于新一代高性能处理器和华为公司统一的 VRP（Versatile Routing Platform）软件平台，提供更大的表格规格，更高的硬件处理能力。可集成无线控制器功能，可扩展支持 MACSec 功能，具备更加完善的业务处理能力，增强的安全控制，灵活的以太组网功能，成熟的 IPv6 特性，智能 iStack 堆叠，方便运行维护等特点。华为 S5720-EI 交换机如图 11-5 所示。

3．IP 地址设计

虚拟化架构的 IP 地址设计也依赖于企业整体的 IP 地址设计，对于地址方面，主要给出下面几个需求：

（1）ESXi 主机独立 IP 地址段。
（2）iSCSI 存储独立 IP 地址段。
（3）vMotion 独立 IP 地址段。
（4）FT 管理独立 IP 地址段。

图 11-5　华为 S5720-EI 系列增强型千兆以太交换机

4．设备 VLAN 设计

在上面 IP 地址设计中实际已经进行了分割，为了对网络提供更高的安全性以及控制广播风暴，VLAN 的设计是必需的。根据上面的设计，针对虚拟化设备推荐划分为 4 个 VLAN，其他设备以及接入层 VLAN 设计根据企业实际需要进行划分。

（1）ESXi 主机 VLAN XX（XX 代表 VLAN ID）。

（2）iSCSI 存储 VLAN XX（XX 代表 VLAN ID）。

（3）vMotion VLAN XX（XX 代表 VLAN ID）。

（4）FT 管理 VLAN XX（XX 代表 VLAN ID）。

11.5　本章小结

本章以案例形式给出了一个虚拟化架构规划，以实现对数据中心的资源进行统一规划管理。通过该案例可以看出，随着虚拟化技术的不断应用，可以不断动态地扩展虚拟化集群的规模与应用，搭建更健康的 IT 体系架构。客户端方面，延续了原先的访问模式，对于虚拟服务器的数据交互等操作，等同于原先传统物理服务器的访问模式，不会对业务系统造成任何不利影响。

习题 11

选择题

（1）（多项选择）云计算的基本三层架构是_____。

（A）Software as a Service（SaaS）　　　（B）X as a Service（XaaS）

（C）Infrastructure as a Service（IaaS）　　（D）Platform as a Service（PaaS）

（2）（多项选择）下面哪些 IT 基础设施组件是 vSphere 虚拟化的要点？_____

（A）Networks　　　　　　　　　　（B）Applications

（C）Storage　　　　　　　　　　　（D）Management

（3）（多项选择）下列哪类 CPU 支持使用 64 位虚拟机？_____

（A）Intel VT　　　　　　　　　　　（B）NX/XD Bit

（C）Hyper-threading　　　　　　　　（D）AMD RVI

（4）（单项选择）vSphere 管理员需要迁移虚拟机到另一个数据存储和主机，并且不中断虚拟机的使用，vSphere 管理员应使用哪项技术？_____

（A）增强 vMotion　　　　　　　　　（B）高优先级的 vMotion

（C）低优先级的 vMotion　　　　　　（D）存储 vMotion

（5）（单项选择）管理员使用 vSphere 自动部署创建 ESXi 群集，ESXi 主机被配置为从 DHCP 服务器获取一个管理 IP 地址，管理员要在其中一台主机上解决管理网络问题，应该使用哪个 DCUI 选项来续订 DHCP 租约？_____

（A）重新启动管理网络　　　　　　　（B）还原网络设置

（C）测试管理网络　　　　　　　　　（D）配置管理网络

（6）（单项选择）安装 ESXi 后，管理员说直接控制台用户界面（DCUI）上的配置锁定模式选项是灰色的，最有可能的解释是什么？_____

（A）主机尚未添加到 vCenter 服务器

（B）主机 BIOS 没有启用 NX/XD

（C）ESXi 主机在评估模式运行

（D）主机重新启动之前，该功能是可用的

习题参考答案

习题 1

一、选择题

（1）（ABCD）（2）（ABC）（3）（ABD）

二、简答题　略

习题 2

一、选择题

（1）（ABC）（2）（ABD）（3）（ABC）（4）（ABD）（5）（ABCD）

二、简答题　略

习题 3

一、选择题

（ABCD）

二、简答题

答：（1）厚置备延迟置零：一次性分配空间，空间使用时再进行格式化；（2）厚置备置零：一次性分配空间，同时进行格式化；（3）精简置备：空间使用时再分配并格式化。

三、计算题　答：2 个。$100 \times 2/16/8 = 1.56$，进位后需要 2 个物理 CPU。

四、操作题　略

习题 4

一、选择题

（1）（CD）（2）（A）（3）（B）

二、简答题

（1）答：①XenServer 是基于虚拟化感知处理器和操作系统进行开发的。②XenServer 采用了超虚拟化和硬件辅助虚拟化技术，客户机操作系统清楚地了解它们是基于虚拟硬件运行的。③XenServer 的核心是 Xen Hypervisor。

（2）答：显示当前计算机的基本情况、网络和管理接口、认证功能、虚拟机情况、磁盘和存储空间报告、资源池配置、硬件和 BIOS 信息、远程服务配置、重启和关闭计算机等。

（3）答：创建新的 VM，并对 VM 的配置项进行修改和定义。另外，可以对运行中的 VM 进行实时监控，查看其内存使用情况、存储空间使用情况、性能情况、远程控制台等。

三、操作题 略

习题 5

一、选择题

（1）（C）（2）（B）（3）（ACD）（4）（AC）

二、简答题

（1）答：通过"添加角色和功能"，安装服务器角色"Hyper-V"，从而安装 Microsoft Hyper-V。

（2）答：增强型虚拟硬盘格式 VHDX，支持 Native 4 KB 扇区，同时兼容旧版本的 512 字节传统扇区和改良的 512e，它的优势是最大支持 64 TB 虚拟硬盘空间。而 VHD 最大支持 2 TB 虚拟硬盘空间，如果虚拟硬盘需要比 2 TB 更大的空间，必须使用 VHDX 虚拟硬盘格式。

三、操作题 略

习题 6

一、选择题

（1）（ABC）（2）（ABCD）（3）（ABCD）（4）（D）（5）（C）（6）（A）（7）（A）（8）（A）（9）（C）

二、操作题

（1）略

（2）# virsh edit wintest01

<input type='tablet' bus='usb'/>

```
<interface type='bridge'>
    <mac address='52:54:00:da:f1:a6'/>
    <source bridge='br0'/>
    <model type='virtio'/>
    <address type='pci' domain='0x0000' bus='0x00' slot='0x06' f
</interface>
<input type='tablet' bus='usb'/>
<serial type='pty'>
    <target port='0'/>
</serial>
<console type='pty'>
    <target type='serial' port='0'/>
</console>
```

（3）略（4）略（5）略（6）略

习题 7

一、单项选择题

（1）（D）（2）（B）（3）（A）（4）（A）（5）（A）

（6）（A）（7）（B）（8）（B）（9）（D）（10）（A）

二、简答题　略

三、操作题　略

习题 8

一、选择题

（1）（AB）（2）（ABC）（3）（ABCD）（4）（AC）（5）（A）

二、简答题

（1）答：兼容性：虚拟机与所有标准的 x86 计算机都兼容；隔离性：虚拟机相互隔离，就像在物理上是分开的一样；封装性：虚拟机将整个计算机环境封装起来；独立于硬件：虚拟机独立于底层硬件运行。

（2）略

三、操作题　略

习题 9

一、选择题

（1）（ABD）（2）（AD）（3）（A）（4）（B）（5）（B）

二、操作题　略

习题 10

一、选择题

（1）（ABC）（2）（D）（3）（A）（4）（B）

二、简答题

（1）答：iSCSI 存储是远程存储，通过网络传输为服务器提供存储资源。常见的本地存储是通过在服务器上插入硬盘提供存储资源。iSCSI 远程存储方式可以提供大规模存储，当服务器需要较大存储容量时，通常使用 iSCSI 集中式存储；或者多台服务器共用一个存储设备时，使用 iSCSI 集中式存储。

（2）答：VPN 是企业网在因特网等公共网络上的延伸。VPN 通过一个私有通道来创建一个安全的私有连接，将远程用户、公司分支机构、公司的业务伙伴等企业网连接起来，形成一个扩展的公司企业网。

（3）略

三、操作题　略

习题 11

选择题

（1）（ACD）（2）（AC）（3）（AD）（4）（A）（5）（A）（6）（A）